农机安全标准汇编

农业部农业机械化管理司
农业部农机监理总站 编

中国农业出版社

前　言

　　农机安全标准是农机安全监理法律的延伸，是规范安全监管和生产作业行为，保护劳动者免受各种伤害，保障人身安全健康，实现安全生产的准则和依据，是农业机械化主管部门及其农机安全监理机构依法行政的重要技术保障。近年来，农机安全标准不断完善，特别是《农业机械化促进法》和《农业机械安全监督管理条例》实施以来，《农业机械运行安全技术条件》、《拖拉机牌证》、《农机安全监理证证件》等国家标准和农业行业标准相继公布，对农机生产、操作使用、牌证管理、事故处理和执法检查等进行了技术规定，进一步规范了企业生产，指导了机手操作，规范了监理工作行为，保护了农业机械使用者的人身健康、生命和财产的安全，提高了农机安全监管水平。

　　为进一步加强农机安全标准的宣传和贯彻落实，便于农业机械化主管部门、农机安全监理机构及农机生产企业、农机使用者等有关单位和个人了解、查询和利用农机安全标准，农业部农业机械化管理司会同农业部农机监理总站组织编纂了《农机安全标准汇编》。本书共收录了截至2014年年底公布实施与农机安全相关的国家标准、行业标准和地方标准共72项，其中国家标准34项、行业标准33项、地方标准5项。国家标准和地方标准摘录了适用范围和主要技术内容，行业标准全文收录。

　　本书编写工作得到了农业部农机试验鉴定总站及全国农业机械标准化技术委员会和全国拖拉机标准化技术委员会的大力协助。在此，对有关单位和个人表示感谢！

　　由于时间仓促，编辑中难免有不妥之处，敬请批评指正。

编　者

2015 年 1 月

目　　录

目　录

第一部分
国家标准

机动车运行安全技术条件

标准编号	GB 7258—2012	被代替标准编号	GB 7258—2004
发布日期	2012—05—11	实施日期	2012—09—01
归口单位	公安部道路交通管理标准化技术委员会		
起草单位	公安部交通管理科学研究所、交通运输部公路科学研究院、中国汽车技术研究中心	主要起草人	应朝阳、周天佑、耿磊、罗跃、王凡、刘雪梅、孟秋、龚标、何勇等
范围	本标准规定了机动车的整车及主要总成、安全防护装置等有关运行安全的基本技术要求,以及消防车、救护车、工程抢险车和警车及残疾人专用汽车的附加要求。 本标准适用于在我国道路上行驶的所有机动车,但不适用于有轨电车及并非为在道路上行驶和使用而设计和制造、主要用于封闭道路和场所作业施工的轮式专用机械车。		
主要技术内容	1. **术语和定义** 拖拉机运输机组:由拖拉机牵引一辆挂车组成的用于载运货物的机动车,包括轮式拖拉机运输机组和手扶拖拉机运输机组。 2. **整车** (1)机动车在车身前部外表面的易见部位上应至少装置一个能永久保持的商标或厂标。机动车应至少装置一个能永久保持的产品标牌,该标牌的固定、位置及型式应符合 GB/T 18411 的规定;如采用标签标示,则标签应符合 GB/T 25978 规定的标签一般性能、防篡改性能及防伪性能要求。改装车应同时具有改装后的整车产品标牌及改装前的整车(或底盘)产品标牌。 (2)机动车均应在产品标牌上标明品牌、整车型号、制造年月、生产厂名及制造国,组成拖拉机运输机组的拖拉机标牌应补充标明出厂编号、发动机标定功率、使用质量。产品标牌上标明的内容应规范、清晰耐久且易于识别,项目名称均应有中文名称。 (3)轮式拖拉机运输机组长≤10 m(对标定功率大于 58 kW 的轮式拖拉机运输机组长度限值为 12 m),宽≤2.5 m,高≤3 m(对标定功率大于 58 kW 的轮式拖拉机运输机组高度限值为 3.5 m)。手扶拖拉机运输机组长≤5 m,宽≤1.7 m,高≤2.2 m。 (4)轮式拖拉机运输机组的挂拖质量比(挂车最大允许总质量与拖拉机使用质量之比)应≤3。 (5)有驾驶室的拖拉机运输机组,除驾驶人外可再核定一名乘员,但其坐垫宽应≥350 mm,座椅深应≥300 mm,且座椅不应增加拖拉机运输机组的外廓尺寸;不具备上述条件时,只准许乘坐驾驶人 1 人。 (6)拖拉机运输机组的比功率应≥4.0 kW/t(比功率为发动机最大净功率与机动车最大允许总质量之比)。 (7)总质量为整备质量的 1.2 倍以下的机动车在空载、静态状态下,向左侧和右侧倾斜最大侧倾稳定角应≥30°;总质量不小于整备质量的 1.2 倍的专项作业车和轮式专用机械车在空载、静态状态下,向左侧和右侧倾斜最大侧倾稳定角应≥32°。 (8)拖拉机运输机组应对需要提醒人们注意的安全事项设置相应的安全标志,安全标志应符合 GB 10396 的规定。 (9)机动车外观应整洁,各零部件应完好,联接牢固,无缺损。车体应周正,车体外缘左右对称部位高度差应≤40 mm。 (10)在发动机运转及停车时,散热器、水泵、缸体、缸盖、暖风装置及所有连接部位均不得有明显渗漏现象。		

主要技术内容	

（11）机动车连续行驶距离不小于 10 km，停车 5 min 后观察，不得有明显渗漏现象。

（12）轮式拖拉机运输机组在平坦、干燥的路面上直线行驶时，挂车后轴中心相对于牵引车前轴中心的最大摆动幅度应≤220 mm。

（13）机动车的排气污染物排放及噪声控制应符合国家环保标准的规定。

3. 发动机

（1）发动机应动力性能良好，运转平稳，怠速稳定，无异响，机油压力和温度正常。发动机功率应≥标牌（或产品使用说明书）标明的发动机功率的 75%。

（2）发动机应有良好的启动性能。

（3）柴油机停机装置应灵活有效。

（4）发动机点火、燃料供给、润滑、冷却和进排气等系统的机件应齐全，性能良好。

4. 转向系

汽车和汽车列车（不计具有作业功能的专用装置的突出部分）、轮式拖拉机运输机组应能在同一个车辆通道圆内通过，车辆通道圆的外圆直径为 25 m，车辆通道圆的内圆直径为 10.6 m。汽车和汽车列车、轮式拖拉机运输机组由直线行驶过渡到上述圆周运动时，任何部分超出直线行驶时的车辆外侧面垂直面的值（外摆值）应≤0.8 m，其试验方法见 GB 1589。

5. 制动系

（1）对于轮式拖拉机运输机组，如挂车与牵引车脱离，挂车（由轮式拖拉机牵引的装载质量 3 000 kg 以下的挂车除外）应能产生驻车制动。挂车的驻车制动装置应能由站在地面上的人实施操纵。

（2）轮式拖拉机运输机组制动初速度为 20 km/h，空载检验制动距离要求≤6 m，满载检验制动距离要求≤6.5 m，试验通道宽度为 3 m。轮式拖拉机运输机组在规定的初速度下的制动距离和制动稳定性要求应符合以上参数规定，对空载检验的制动距离有质疑时，可用以上参数规定的满载检验制动距离要求进行。

（3）拖拉机运输机组检验时，踏板力应≤600 N。

6. 照明、信号装置和其他电气设备

（1）拖拉机运输机组应设置前照灯、前位灯（手扶拖拉机运输机组除外）、后位灯、制动灯、后牌照灯、后反射器和前、后转向信号灯，其光色应符合 GB 4785 相关规定。

（2）轮式拖拉机运输机组应具有危险警告信号装置，其操纵装置不应受灯光总开关的控制。

（3）拖拉机运输机组应按照相关标准的规定在车身上粘贴反光标识。

（4）拖拉机运输机组的每只前照灯的远光光束发光强度应达到下表规定的要求。

机动车类型		检查项目			
		新注册车		在用车	
		一灯制	二灯制	一灯制	二灯制
拖拉机运输机组	标定功率>18 kW	—	8 000	—	6 000
	标定功率≤18 kW	6 000*	6 000	5 000*	5 000
* 允许手扶拖拉机运输机组只装用一只前照灯。					

（5）检验前照灯近光光束照射位置时，前照灯照射在距离 10 m 的屏幕上，乘用车前照灯近光光束明暗截止线转角或中点的高度应为 0.7H～0.9H（H 为前照灯基准中心高度）。机动车（装用一只前照灯的机动车除外）前照灯近光光束水平方向位置向左偏应

| | ≤170 mm,向右偏应≤350 mm。轮式拖拉机运输机组装用的前照灯近光光束的照射位置,按照上述方法检验时,要求在屏幕上光束中点的离地高度应≤0.7H;水平位置要求,向右偏移应≤350 mm,不得向左偏移。

（6）轮式拖拉机运输机组应装有水温表（蒸发式水冷却系统除外）、机油压力表或机油压力指示器、电流表或充电指示器。

7. 传动系
（1）离合器彻底分离时,拖拉机运输机组踏板力应≤350 N,手握力应≤200 N。
（2）拖拉机运输机组应在设计及制造上确保其实际最大行驶速度在满载状态下不会超过其最大设计车速,在空载状态下不会超过其最大设计车速的110%。

8. 安全防护装置
（1）轮式拖拉机运输机组后视镜的性能和安装要求应符合 GB 18447.1 的规定。
（2）拖拉机运输机组的传动皮带、风扇、起动爪和动力输出轴等外露旋转件应加防护罩,并应符合 GB/T 8196 的规定。 |
| 主要技术内容 | |

铡草机 安全技术要求

标准编号	GB 7681—2008	被代替标准编号	GB 7681—1997
发布日期	2008—08—28	实施日期	2009—10—01
归口单位	全国农业机械标准化技术委员会		
起草单位	中国农业机械化科学研究院呼和浩特分院、辽宁省凤城东风机械厂	主要起草人	杨铁军、王建平、李秀荣
范围	本标准规定了铡草机设计、制造、使用等方面的安全技术要求。 本标准适用于盘式、筒式铡草机。		
主要技术内容	**1. 安全设计要求** （1）铡草机应符合 GB 10395.1 的要求，各运转部件及喂入口处必须有牢固可靠的防护装置。 （2）铡草机应有喂入辊。生产率大于 0.4 t/h 时，喂入机构应有离合装置。 （3）生产率大于 2.5 t/h 的铡草机，应设自动喂入机构。 （4）上机壳应有锁紧装置，并牢固可靠。 （5）动、定刀片紧固件的机械性能等级就符合 GB/T 3098.1 和 GB/T 3098.2 的规定，并有可靠的防松装置。 （6）生产率大于 2.5 t/h 的铡草机，应设过载保护装置。 （7）刀轮不得有裂纹，不得有影响强度和外观质量的气孔、缩松、沙眼等铸造缺陷。 **2. 制造及验收要求** （1）铡草机必须按本标准的要求进行制造与验收。 （2）在机壳和喂入口防护罩明显部位应有安全标志，安全标志应符合 GB 10396 的规定。 **3. 安全使用要求** （1）开机前必须熟读使用说明书。 （2）产品使用说明书中应有详细的安全使用规定，其内容包括： 　a）开机前按使用说明书的规定进行调整和保养，检查各紧固件是否拧紧，刀轮转向是否与规定的方向相同，上机壳是否锁住等。 　b）铡草机的工作场地应宽敞，并备有可靠的防火设施。 　c）应根据铡草机的铭牌规定选用电动机。不准随意提高主轴转速，不准随意拆掉各部位的防护装置。 　d）更换动、定刀片的紧固件时，不得用普通紧固件代替。 　e）作业时如发生异常声响应立即停机检查，禁止在机器运转时排除故障。 　f）未掌握铡草机安全使用规则的人不准单独作业。 　g）严禁未成年人及酒后、带病或过度疲劳人员开机作业。		

农林机械 安全 第1部分:总则

标准编号	GB 10395.1—2009	被代替标准编号	GB 10395.1—2001
发布日期	2009—09—30	实施日期	2010—07—01
归口单位	全国农业机械标准化技术委员会		
起草单位	中国农业机械化科学研究院、国家农机具质量监督检验中心	主要起草人	张咸胜、陈俊宝、皇才进、张琦
范围	本部分规定了设计和制造自走式、悬挂式、半悬挂式和牵引式农林机械的通用安全要求及符合性判定方法。本部分还规定了制造厂应提供的安全操作(包括遗留风险)信息的类型。 本部分适用于农林机械、草坪和园艺动力机械。		
主要技术内容	**1. 基本原则和设计指南** 　(1)对相关危险但不是重大危险,机器应按照GB/T 15706.1—2007中第5章规定的减小风险的策略进行设计。 　(2)除本部分另有规定外,安全距离应符合GB 12265.1—1997最终表1、表3、表4或表6的规定。 　(3)为实现正常功能、排放或清理需暴露的功能部件应加以防护以避免引起其他危险。 **2. 操纵机构** 　操纵结构及其所处不同位置应易于辨识,并应在产品使用说明书中予以描述。 **3. 操作者工作位置** 　操作者工作位置平台离地垂直高度大于550 mm的机器应设置进入操作者工作位置的梯子。工作台应平坦、表面应防滑,必要时应有排水措施。 **4. 维修和保养支撑机构** 　操作者在机器部件升起状况下进行保养或维修作业的,应设置机械支撑机构或液压锁定装置,以防止其意外下落。除机械或液压装置外,也可采用其他等同或较高程度的安全措施。 **5. 电气设备** 　对位于与表面有潜在摩擦接触位置的电缆应进行防护。除起动电动机电路和高压火花点火系统外,所有电路都应安装保险丝或其他过载保护装置。 **6. 人工操作附属部件** 　如果人工操作附属部件需要专用工具,则专用工具应随机提供,并应在产品使用说明书中描述工具的使用方法。 **7. 维修、保养及搬运** 　日常润滑和保养操作应保障安全。如意外关闭存在危险,铰接式防护装置和门应安装保持开启状态的装置。为减小运输宽度和/或高度设计的可折叠部件应采取保持在运输位置的措施。超出运输宽度的屏障应可从安全功能/保护位置折叠到运输位置。		

农林机械 安全 第2部分:自卸挂车

标准编号	GB 10395.2—2010	被代替标准编号	
发布日期	2010—12—01	实施日期	2011—10—01
归口单位	全国农业机械标准化技术委员会		
起草单位	中国农业机械化科学研究院、机械工业农用运输车发展研究中心	主要起草人	张咸胜、赵兴魁、皇才进、张琦
范围	本部分规定了设计和制造用于农业运输作业、由拖拉机或自走式农业机械牵引的自卸式农用全挂车、半挂车的安全要求及判定方法,还规定了制造厂应提供的安全操作信息的类型。 本部分适用于自卸挂车,不适用于车厢可卸下的挂车。		
主要技术内容	本部分规定了自卸挂车的术语和定义、安全要求和安全措施、安全要求和安全措施的判定、信息使用标志。 (1)设计自卸挂车时,对本部分未涉及的危险应遵循 GB/T 15706.1 和 GB/T 15706.2 规定的原则。 (2)当倾卸机构将车厢升到最高倾卸位置时,挂车在坡度5°的坡道上应能保持稳定。 (3)在驾驶位置应始终能够操作倾卸操纵机构。如果挂车上装有附属操纵机构时,这些操纵机构应采用持续操纵式,且应符合 GB 10395.1—2009 中 6.1 的规定。 (4)挂车应配备符合 GB 10395.1—2009 中 4.8 规定要求的铰接在挂车上的机械支撑机构,以在保养操作期间能可靠地将车厢固定在举升位置。 (5)使用说明书应提供挂车所有维护、安全使用方面的详尽说明和信息。使用说明书中应特别强调说明下列各点: 　a)避免运载物料超过最大载荷。 　b)挂车车厢仅能在下列情况下进行倾卸或举升:挂车挂接到拖拉机上、机组平稳停在坚实平整的地面上、卸载区无人、无侧面大风。 　c)倾卸操作过程中注意碰到高架高压电线的危险。 　d)车厢倾卸和举升状态下挂车移动会发生危险。 　e)在开启和关闭卸料门时注意避免挤压手指和手。 　f)在半挂车挂接或脱开过程中,施加在牵引环上的向上或向下力会产生危险。 　g)半挂车传递到牵引车辆上的垂直载荷会影响牵引车辆的操纵性能。 　h)需要举起车厢进行维修或保养时,车厢应空载,并可靠锁定机械支撑机构防止意外降落。 　i)原装轮胎的有关特征参数。 　j)最高设计行驶速度。 　k)移动挂车前,应确保制动系统已连接,且功能正确;使用带状态良好防护罩的动力输出万向节传动轴。 　l)仅在全挂车转向轴处在向正前方位置时才能驻车和倾卸。 　m)在使用装备自动挂接装置的拖拉机时,应确定挂接操作已恰当完成。 　n)与被牵引挂车配套的拖拉机牵引装置类型。 (6)标志应符合 GB/T 15706.2—2007 中 6.4 的规定和 GB 10395.1—2009 中 8.2、8.3 的规定。		

农林机械 安全 第3部分:厩肥撒施机

标准编号	GB 10395.3—2010	被代替标准编号	
发布日期	2010—12—01	实施日期	2011—10—01
归口单位	全国农业机械标准化委员会		
起草单位	中国农业机械化科学研究院、现代农装科技股份有限公司、辽宁省农机化研究所	主要起草人	张咸胜、杨兆文、皇才进、狄明利、王丽、张琦
范围	本部分规定了设计和制造各类厩肥撒施机的安全要求和判定方法,减小或消除危险方法的特殊要求,也规定了制造厂应提供的安全操作信息的类型。 本部分适用于各类厩肥撒施机。本部分不适用于共性危险,特别是与移动相关,包括与自走式机械相关的共性危险。		
主要技术内容	(1)后方抛撒肥料的施肥机,无论采用何种旋转抛撒装置,均应安装栅栏阻挡抛掷物保护驾驶员。 (2)输送装置链条张紧度应在操作者无需进入机体下方就能调整。 (3)机体下方的传动轴应进行防护。 (4)人工操纵机构,尤其是用于调整输送装置速度的操纵机构,应位于距任何未防护的撒肥装置运动件最小距离为 850 mm 的位置处。 (5)使用说明书应提供施肥机所有维护、安全使用方面的详尽说明和信息。使用说明书应符合 GB/T 15706.2 中的 6.5 和 GB 10395.1—2009 中 8.1 的规定。使用说明上应特别强调说明下列各点: a)进行任何调整前发动机应停机。 b)清理机器堵塞时应遵循说明书规定。 c)与操作机器无关人员应远离机器。 d)确保撒肥区域内没有旁观者。 e)装载量会影响拖拉机的操纵性能,当部分卸载影响撒肥机平衡性时,应注意采取措施。 f)撒肥装置转动时严禁操作者进入机器。 g)拆装撒肥装置过程中会产生危险,搬运撒肥装置时应遵循说明书规定。 h)使用带状态良好防护罩的动力输出万向节传动轴。 i)移动机器前,应确保制动系已经连接且功能正确。 j)原装轮胎的有关特征参数。 k)标志应符合 GB/T 15706.2—2007 中 6.4 和 GB 10395.1—2009 中 8.2、8.3 的规定。所有施肥机均应设置清晰耐久标志。		

农林机械 安全 第5部分:驱动式耕作机械

标准编号	GB 10395.5—2013	被代替标准编号	GB 10395.5—2006
发布日期	2013—11—27	实施日期	2014—07—01
归口单位	全国农业机械标准化技术委员会		
起草单位	中国农业机械化科学研究院、现代农装科技股份有限公司、国家农机具质量监督检验中心	主要起草人	张咸胜、杨兆文、杨学军、陈俊宝
范围	本部分与 GB 10395.1 共同使用,本部分规定了农业悬挂式、半悬挂式和牵引式动力驱动式土壤耕作机械的结构安全要求和判定方法,本部分还规定了制造厂应的安全操作(包括遗留风险)信息的类型。 本部分不适用于:挖坑机械;安装有伸缩装置,能连续在作物之间作业的机械。		
主要技术内容	(1)术语和定义: 　驱动式耕作机械:带有动力工作部件,能改变土壤结构和外形,并在作业中将土壤中残留物质混合的耕作机械。 (2)驱动式耕作机械应遵守本部分的安全要求和/或防护措施。 (3)工作部件停止工作时,应能手动调整控制操纵件,工作部件运转时应不能手动调整控制操纵件。 (4)使用说明书应符合 GB 10395.1—2009 中 8.1.3 的要求,为便于使用,应包括下列信息: 　a)附加装置的安装所导致的危险。 　b)机器悬挂是否需要安装选择性防护装置。 　c)后铰链防护装置的调整的说明。 　d)悬挂机器被提升在运输状态时,对操纵拖拉机稳定性的实际影响。 　e)动力驱动工作部件引起的危险。 　f)机器向后抛出物引起的危险。 　g)机器运转时禁止攀爬机器。 　h)配套拖拉机的最大功率。 　i)最小耕作深度信息。 　j)更改耕作深度需要调节控制的说明。 (5)应在机器上适当位置提供警告信息并对下列危险提示注意事项: 　a)由运转部件引起的危险。 　b)由排出物料引起的危险。 　c)当机器作业时攀登机器引起的危险。		

农林拖拉机和机械　安全技术要求　第6部分:植物保护机械

标准编号	GB 10395.6—2006	被代替标准编号	GB 10395.6—1999
发布日期	2006—03—29	实施日期	2006—11—01
归口单位	全国农业机械标准化技术委员会		
起草单位	中国农业机械化科学研究院、国家植保机械质量监督检验中心、中国农机产品认证中心、苏州农业药械有限公司	主要起草人	陈俊宝、严荷荣、王忠群、李伟、汪建
范围	本部分规定了机动和手动植物保护机械及液体肥料施播机的安全技术专项要求。本部分规定的要求是对 GB 10395.1 的补充。		
主要技术内容	(1)植物保护机械的设计,应当保证机具能够承受在产品标准和使用说明书规定的正常作业条件下所产生的全部载荷,特别是应当使操作者安全、方便地处理化学物品。植物保护机械的通用安全技术要求应符合 GB 10395.1 的规定。植物保护机械正常作业时,各零部件及连接处应密封可靠,不应出现农药和其他液体泄漏现象。 (2)操作者有危险的部位,应固定永久性的安全标志;在机具的明显位置还应有警示操作者使用安全防护用具的安全标志。安全标志应符合 GB 1039.6 的规定。 (3)必须确保药液箱盖不出现意外松动或开启现象。药液箱中排出的液流动应始终在操作者控制之下。 (4)用手操作的喷雾装置如喷枪、手持喷杆等,应当避免发生因操作失误造成药液泄漏。 (5)控制装置应当设置在操作者操作机具时容易触及的范围内,并设有清晰的标志或标牌,操作应方便。 (6)对操作者有危险的部位,应固定永久性的安全标志;在机具的明显位置还应有警示操作者使用安全防护用具的安全标志。安全标志应符合 GB 10395 的规定。 (7)植物保护机械的制造厂或供应商应随机提供使用说明书。使用说明书应按GB/T 9480 的规定编制,并至少应包括以下内容: a)起动和停止步骤。 b)安全停放步骤。 c)运输状态机具布置。 d)减压方法。 e)有冻结危险时的贮存要求。 f)禁止在含有硝酸铵或其残余物的容器上使用电弧法或氧乙炔法进行焊接或切割。 g)折叠喷雾机喷杆时,挤压点和剪切点处的危险性。 h)维护与清洗要求。 i)有关安全使用规则的要求。 j)禁止使用特殊的工作液。 k)在处理农药时,应当遵守农药生产厂所提供的安全说明。 l)使用不同喷头时,调整喷雾机详细说明等。		

农林拖拉机和机械　安全技术要求　第7部分：
联合收割机、饲料和棉花收获机

标准编号	GB 10395.7—2006	被代替标准编号	GB 10395.7—1999
发布日期	2006—03—29	实施日期	2006—11—01
归口单位	全国农业机械标准化技术委员会		
起草单位	中国农业机械化科学研究院、机械科学研究院	主要起草人	张咸胜、陈俊宝、王世刚
范围	本部分规定了保证操作者及其他作业人员的自走式联合收割机、自走式饲料和棉花收获机正常运转、保养维修和使用过程中安全的技术要求。 　　本部分是 GB 10395.1 的补充。本部分还给出了使用自走式联合收割机、自走式饲料和棉花收获机时，防止发生意外事故的指南。		
主要技术内容	**1. 操作者工作位置** 　　驾驶室内部最小空间尺寸及座位位置应舒适、可调，并应符合本标准规定。方向盘轴线最好位于座位纵向中心线上，任何情况下偏置量均应不大于 50 mm。操作者操纵装置和它们的位置应用符合 GB/T 4269.1 和 GB/T 4269.2 规定的清晰耐久符号标出，或用适合操作者的文种描述。操作者坐在座位上，手或脚触及范围内不应有剪切或挤压部位。如果座位后部相邻部件具有光滑的表面、座位靠背各面交界无棱边，则认为座位靠背及其后部相邻部件间不存在危险部位。进入操作者座位的通道应畅通，操纵装置不应介入，以保证操作者脚踏实地放置。驾驶室至少应有两个在不同面上的紧急出口。紧急出口在驾驶室内不使用工具应容易打开。 **2. 其他类型的梯子和平台** 　　维修平台上应设高度为 1 000 mm 的防护栏，以防止工作人员从机器上跌落。机器应设置适当扶栏的地方，不应把梯形踏板作为扶栏。 **3. 割台、喂入螺旋输送器和拨禾轮** 　　使用说明书中和机器的相关位置上，均应提醒操作者，在收割装置和/或切割装置位置处会出现与其功能相关的剪切现象。拨禾轮的最外缘和相邻固定部件之间应有 25 mm 的间隙。割台传动系分离机构应具有防止意外接合的结构。建议设置输送器反转机构。 **4. 粮箱和粮箱螺旋输送器** 　　使用说明书和机器上，应分别给出适当的安全标志，指出在机器运转时不得进入粮箱。所有螺旋输送器都应配置防护装置，防止与其意外接触。 **5. 玉米摘穗台** 　　使用说明书中应着重说明，机器上应用适当的安全标志，指出在工作状态下摘穗区内的喂入装置或摘穗辊处会出现挤压与剪切部位。 **6. 维修和保养** 　　维修和保养期间，意外移动会产生潜在挤压或剪切运动的有关机构，应特别注意留有适当的间隙，或进行防护和/或设置挡板。机器上应备有效的灭火器，使用说明书中应给出灭火器的使用方法，并说明灭火器应是操作者首先考虑到的保护工具，使用说明书中应给出灭火器放置位置的说明。		

农林拖拉机和机械 安全技术要求 第8部分：排灌泵和泵机组

标准编号	GB 10395.8—2006	被代替标准编号	GB 10395.8—1999
发布日期	2006—03—29	实施日期	2006—11—01
归口单位	全国农业机械标准化技术委员会		
起草单位	中国农业机械化科学研究院、江苏大学流体机械工程技术中心	主要起草人	张咸胜、许安详、王洋
范围	本部分规定了保证操作者及其他作业人员在排灌泵和泵机组正常运转、保养和使用过程中安全的技术要求,本部分是 GB 10395.1 的补充。 本部分适用于各类排灌用泵和泵机组,不适用于各种工业作业用泵和泵机组。		
主要技术内容	1. 一般要求 　机器的设计和制造应保证在正常使用中的安全运行,在按产品使用说明书正常操作和维护保养时没有不合理危险。 　2. 机械安全要求 　(1)泵与动力机应具有底座,泵机组应不需支撑能平稳地放置或固定。 　(2)传动齿轮、皮带及皮带轮、联轴器、风扇、扇轮及其他运动部件,在机器正常起动或运转中,可能导致危险的,应置于安全位置或加防护罩、防护壳或挡板或类似防护装置进行防护,防止与其意外接触。 　(3)在不影响机器使用的情况下,机器的可接触零部件,不应有会引起损伤的锐边、尖角、粗糙的表面、凸起部分和可能刮刀身体或衣服的开口,尤其是薄金属片的棱边应倒钝、折边或修边,可能引起刮伤的开口管端应包裹。 　(4)发动机排气部件面积大于 10 cm² 的表面和在机器正常操作期间环境温度为(23±3)℃下,温度大于80℃的表面都应加防护装置或挡板,防止与其意外接触。隔热装置应牢固固定,不易拆除。 　(5)发动机排气管出口方向应避开操作者位置上的操作者。 　(6)发动机控制装置应符合发动机产品相应标准的规定。发动机标定功率大于10 kW 的应采用电起动装置。 　(7)燃油箱开启盖应牢靠,不应因发动机运转中的振动而松脱。 　(8)对手抬移动式机组,整台机组应安装在有足够强度的框架内,框架应能从各个侧面保护机组不受损坏,并应设有四个搬运把手。 　3. 结构安全要求 　保证产品具有防水要求的各部件,应借助工具才能拆除。如果操作件松动会导致危险,应可靠地固定。如果操作件固定到错误的位置会导致危险,则应避免使它们在错误位置上固定的可能性。 　4. 安全标志 　对通过设计和安全防护,不能消除或充分限制的机械危险、热危险和电气危险,应根据危险的严重程度,用适当的安全标志警戒操作者和其他人员。机器运行或维修保养过程中,安全防护装置拆下、打开或移动开后会产生危险的,应在安全防护装置上或危险附近设置安全标志。 　安全标志应尽可能接近针对的危险部位,且耐久、清晰、可视。		

农林拖拉机和机械 安全技术要求 第9部分：
播种、栽种和施肥机械

标准编号	GB 10395.9—2006	被代替标准编号	GB 10395.9—1996
发布日期	2006—03—29	实施日期	2006—11—01
归口单位	全国农业机械标准化技术委员会		
起草单位	中国农业机械化科学研究院	主要 起草人	张咸胜、陈俊宝、杨兆文
范围	本部分规定了保证操作者及其他作业人员在正常操作和保养播种、栽种和施肥机械时人身安全的技术要求。本部分是 GB 10395.1 的补充，在执行本部分的同时应执行 GB 10395.1。		
主要技术内容	(1)运动部件在工作状态和运输状态间相互转换出危险部位时： 　a)机器的状态转换通过手或附属机械机构实现的，危险部位应设安全防护装置。 　b)机器的状态转换通过动力助力机构实现的，危险部位附近应设安全标志。 　以上两种情况下，都应具有在运输状态下锁定运动部件的装置。 　(2)靠近操作者乘坐工作台的、有危险部位的或有运动部件的料箱，应符合 GB 10395.1—2001 中 7.1 规定的安全距离，或设防护装置、或设栅栏、或设防护罩。料箱的防护罩应具有握持并便于开启的把手和可靠的锁定装置。在机器运转时，料箱内有运动部件的，应在防护罩上设适当的安全标志，并在使用说明书中说明。 　(3)机器工作过程中，操作者必须乘坐的工作台附近的危险部位应设安全防护装置。在所有工作台附近应设禁止非操作者乘坐的安全标志，该项内容还应包括在使用说明书中。具有操作者必须乘坐的后工作台的条播机，应沿工作台前边缘设置挡脚板，在操作者位置签名和在工作台任何位置上可触及部位应设扶栏(手)。 　(4)相对于规定基准的最大装载高度应使操作者将袋装物方便地倒入机器的料箱中。最大装载高度应不超过 1 000 mm。 　(5)在道路运输中划行器不应超出机器的规定轮廓，并应能锁定在运输状态，或处在靠重力防止意外脱开的位置。 　(6)单粒(精密)播种机：外侧播种单体朝外的部件，在机器使用时运动的都应设防护装置。如果播种单体可以更换，使用说明书中应规定，只有传动部件具有防护装置的播种单体，才能安装在外侧。 　(7)栽种和播种机：操作者乘坐的机器上，应设置座位或工作台。机器外部的和操作者位置上能够触及的传动部件都应设防护装置。 　(8)施肥机：在正常工作状态下，排肥部件离参照地面的高度在 1 500 mm 至 2 500 mm 之间的施肥机，应安装挡板(杆)，挡板(杆)应低于并尽可能靠近排肥部件，但不能影响肥料的流动。在机器或附属装置的上部结构不能设置适当的防护装置的情况下，挡板(杆)还应能水平延伸，并且在任何方向超出排肥部件外边缘的长度应不小于 150 mm。当排肥部件离参照地面的高度小于 1 500 mm 时，挡板(杆)应相应地位于排肥部件之上。		

农林拖拉机和机械 安全技术要求 第10部分:手扶微型耕耘机

标准编号	GB 10395.10—2006	被代替标准编号	
发布日期	2006—07—19	实施日期	2007—02—01
归口单位	全国农业机械标准化技术委员会		
起草单位	中国农业机械化科学研究院、国家农机具质量监督检验中心	主要起草人	张咸胜、靳锁芳
范围	本部分规定了手扶耕耘机(或称微型耕耘机、田园管理机等)的机械安全要求和试验方法。 本部分适用于发动机标定功率小于等于7.5 kW的手扶耕耘机。		
主要技术内容	**1. 一般结构** 　　(1)动力传动部件(耕作部件除外):动力传动齿轮、链条、链轮、皮带、摩擦传动装置、皮带轮、风扇、扇轮及其他运动部件,在机器正常启动和运行时能产生挤压或造成伤害的应置于适当的位置或加防护罩或类似的防护装置进行防护,以防操作者与这些部件意外接触。传动轴应完全防护。所有防护装置均应永久性地固定在机器上,不使用时无法拆卸。 　　(2)热防护装置:发动机排气部件面积大于10 cm²且在机器正常运行时环境温度(20±3)℃下,温度大于80℃的表面应设防护装置或防护罩,以防与其意外接触。 　　(3)排气的防护:发动机的排气方向应避开所有操纵位置上的操作者。 **2. 耕作部件的防护** 　　(1)后置耕耘机:耕耘机的后部应设防护装置,防护装置的宽度至少为所有刀片的组合宽度。可移动式挡板放开后应能自动回位。防护装置应有侧盖板。 　　(2)前置和手持耕耘机:前置和手持耕耘机的旋转部件应设牢固的固定防护装置。 **3. 操纵机构** 　　操作者操纵机构应符合GB/T 20341和GB/Z 20347规定的要求。机器应设置一种装置,该装置能防止所有在发动机(电动机)起动中使车轮和/或工作部件转动的起动方法。 **4. 标志** 　　每台机器都应明确标出制造厂名称、型号和/或系列序号及必要的警示信息。在明显部位给出有"带护眼罩"或适当的危险图形构成的安全标志。在刀片附近应有一耐久的安全标志,指明操作者的脚应远离旋转刀片。 **5. 维护保养** 　　应安装防止疏忽的操作者与危险的维护保养部位接触的防护罩或防护装置。		

农林拖拉机和机械 安全技术要求 第12部分：
便携式动力绿篱修剪机

标准编号	GB 10395.12—2005	被代替标准编号	GB 10395.12—1997
发布日期	2005—10—24	实施日期	2006—05—01
归口单位	全国农业机械标准化技术委员会		
起草单位	中国农业机械化科学研究院、呼和浩特畜牧机械研究所	主要起草人	张咸胜、孔庆梅、王建平、关朋
范围	本部分规定了由一个或多个线性往复式割刀修剪绿篱和灌木的便携手持式动力绿篱修剪机的术语定义、安全技术要求和试验规程。 本部分不适用于带旋转式割刀的绿篱修剪机，也不适用于背负式或其他外置动力源驱动的绿篱修剪机。		
主要技术内容	1. **手的防护** 在任何把手上手指伸展开时都不应该接触到运动的割刀。 2. **运输防护** 绿篱修剪机应具有在运输或贮存期间能持久地覆盖切割装置的防护装置。 3. **运动部件的防护** 所有的运动部件、切割装置除外，均应有防止操作者与其接触的防护装置。 4. **热防护** 机器按使用说明书正常起动和运行过程中，面积大于 $10\ cm^2$ 发动机排气部件的裸露表面和在环境温度为(23±3)℃下测定温度大于80℃的热表面应装有防护装置或挡板，防止与其无意接触。 5. **机器的识别标记和标志** 识别标记、方向标志和安全标志，在机器预定的工作环境下，应有适当长的寿命(耐久性)，并满足一下要求： (1)标签应能与基面耐久粘结，或为通过铸、雕或压印出的标志。 (2)标签应耐水，并永久清晰。 (3)标签不应出现卷边，并且在溅上燃油或润滑油后不影响其清晰度。 安全标志应尽可能接近针对的危险。		

农林拖拉机和机械 安全技术要求 第13部分:后操纵式和手扶式动力草坪修剪机和草坪修边机

标准编号	GB 10395.13—2006	被代替标准编号	GB 10395.13—1996
发布日期	2006—03—29	实施日期	2011—11—01
归口单位	全国农业机械标准化技术委员会		
起草单位	中国农业机械化科学研究院、呼和浩特畜牧机械研究所	主要起草人	张咸胜、潘兴良、孔庆梅、王建平、关朋
范围	本部分规定了后操纵式和手持式动力草坪修剪机和草坪修边机的机械安全要求和试验方法。 本部分适用于切割部件为非金属柔线或自由定心式非金属切割器,每个切割部件的切割能力(动能)不大于10 J,由操作者站立操作,主要用于割草的后操纵式和手持式动力草坪修剪机和草坪修边机。		
主要技术内容	**1. 一般结构** 　(1)传动部件(不包括切割机构):传动齿轮、链条、链轮、皮带、摩擦传动机构、皮带轮、风扇、扇轮及其他运动部件,在机器正常起动和运转中,凡能导致伤害的危险部位,均应置于适当的位置,或加挡板或类似的防护装置进行防护,防止与其意外接触。传动轴应完全防护。 　(2)热防护:在机器正常起动和运行中,面积大于10 cm² 的发动机排气部件的裸露表面和温度大于80℃的热表面,应加防护装置或挡板,防止与其无意接触。 　(3)防护装置的联接:所有防护装置或挡板应永久性联接或永久性固定,不适用工具无法拆卸,或在机器的结构上使防护装置未安装到防护位置时机器不能使用。 　(4)排气防护:发动机排气方向不应朝操作者。 　(5)控制装置:电动机驱动的机器,应在驱动切割部件前有两个独立且不同动作的控制装置。内燃机驱动的机器,手不离开把手应能操作油门扳机。 **2. 标志** 　(1)每台机器应明确地标出制造厂、型号和/或系列序号及适当的警示信息。 　(2)每台机器应在明显部位标出警示"戴护目镜"或适当的标志。 　(3)如传动装置可更换或可互换,则应标出制造商的识别标记。 　(4)每台加防护装置的草坪修剪机应永久性标出警示"不能用于草坪修边"。 　(5)标志应清晰、耐久。 　(6)给出识别标记、方向和警示信息的标签,在机器预定的工作环境下,应有适当长的寿命。 **3. 切割机构的防护** 　草坪修剪机的操作者一侧应进行防护。草坪修边机应进行防护。不使用工具,防护装置应不能拆下。		

农林拖拉机和机械　安全技术要求　第14部分：
动力粉碎机和切碎机

标准编号	GB 10395.14—2006	被代替标准编号	
发布日期	2006—07—19	实施日期	2007—02—01
归口单位	全国农业机械标准化技术委员会		
起草单位	中国农业机械化科学研究院、呼和浩特畜牧机械研究所、山东省农业机械研究所	主要起草人	张咸胜、关朋、王建平、陈俊宝、王东岳
范围	本部分规定了在固定状态下作业，主要用于加工树枝和木头等有机物料的手工喂入式动力粉碎机和切碎机，包括具有辅助真空收集装置的动力粉碎机和切碎机的术语及定义、安全要求和试验规程。 　　本部分不适用于在距切割装置的相应安全距离下测得的喂料口尺寸大于400 mm×400 mm的粉碎机和切碎机。		
主要技术内容	本部分对动力粉碎机和切碎机的术语和定义、一般结构、标志、维护和操作要求、电气要求、试验规程进行了规定。 　　(1)正常操作时，所有传动部件均应加以防护，以防止与其接触。旋转的防护盖或防护盘的表面应连续完整或光滑。 　　(2)机器应具有根据制造厂推荐对机器进行保养时防止意外触及危险部件的防护装置。 　　(3)停机、起动或速度控制装置不设置在需要操作者在排料区或发动机排气口前面，方可进行操作的位置处。 　　(4)机器应具有发动机停机装置。停机装置不应依赖持续的人力来完成连续的操作。 　　(5)应使用耐久标签或标志明确标明控制机构的功能、操作方向和/或操作方法。 　　(6)每台机器应在显著位置标注安全标志或适当符号。使用的符号和安全标志应在使用说明书中解释。 　　(7)每台机器均应提供操作、保养和维护说明的使用说明书。使用说明书中应包括通常由操作者进行的有关操作说明。 　　(8)附录C：粉碎机和切碎机的安全说明，对培训、准备、操作、维护和存放、配收集袋的机器的附加安全说明进行了规定。 　　(9)附录D：安全标志和符号，给出了可用于本部分规定的动力粉碎机和切碎机的安全标志和符号。		

农林拖拉机和机械 安全技术要求 第 15 部分：配刚性切割装置的动力修边机

标准编号	GB 10395.15—2006	被代替标准编号	
发布日期	2006—07—19	实施日期	2007—02—01
归口单位	全国农业机械标准化技术委员会		
起草单位	中国农业机械化科学研究院、呼和浩特畜牧机械研究所、洛阳拖拉机研究所	主要起草人	张咸胜、孔庆梅、王建平、尚项绳、关朋
范围	本部分规定了刀尖回转圆直径不大于 305 mm,刀尖回转圆平面与垂直方向夹角不大于 15°,配刚性切割装置的后操纵式和便携手持式动力修边机的机械安全要求和试验方法。 本部分适用于刀尖回转圆直径不大于 305 mm,配刚性切割装置的后操纵式和便携手持式动力修边机。		
主要技术内容	本部分对配刚性切割装置的动力修边机的一般结构、标志、安全说明、机壳和防护装置、结构完整性、噪声和振动进行了规定。 (1)所有防护装置应永久性地与机器连接,只有使用工具才能拆卸,或机器的结构上使防护装置未安装到防护位置时机器不能使用。 (2)机器的把手上应装有当操作者手离开该把手时,刀片自动停止转动的装置。 (3)根据制造厂推荐,机器应在操作者直立姿态正常握持下运行。 (4)附录 A:修边机安全说明,对培训、准备、操作、维护和存放进行了说明。 (5)附录 B:符号和/或安全危险图形,给出了可用于本部分规定的配刚性切割装置的动力修边机的安全危险图形和符号的示例。		

农林机械 安全 第16部分:马铃薯收获机

标准编号	GB 10395.16—2010	被代替标准编号	
发布日期	2010—12—01	实施日期	2011—10—01
归口单位	全国农业机械标准化技术委员会		
起草单位	中国农业机械化科学研究院、黑龙江省农业机械试验鉴定站	主要起草人	张咸胜、李晓东、陈俊宝、吕树盛、皇才进
范围	本部分规定了设计和制造牵引式、悬挂式和自走式马铃薯收获机的安全要求和判定方法。还规定了制造厂应提供的安全操作信息的类型。 本部分适用于可进行茎叶切割、挖掘、捡拾、清理、输送和卸料等一种或多种作业的牵引式、悬挂式和自走式马铃薯收获机,也适用于未经改装便可用于收获其他作物的马铃薯收获机。		
主要技术内容	(1)对自走式收获机,应仅能在驾驶员位置控制运动部件的起动和停止。对牵引式和悬挂式收获机,应仅能在牵引机械驾驶员位置控制运动部件的起动和停止。 (2)自走式收获机应装符合 GB/T 21155 规定的声响报警装置,该装置在收获机倒退时应能自动接通。 (3)收获机应通过设计或采取防护措施避免在前部、后部、侧面和顶部与刀具意外接触。在顶部,无孔防护装置应至少覆盖住刀具旋转轨迹的外端点。 (4)位于距离收获机外部轮廓小于 850 mm 位置处的输送器任何运动部件均应进行防护,排出口除外。 (5)在挖掘装置处于升起位置时,动力挖掘装置的旋动部件应停止转动。 (6)带有分选平台的收获机应配备声响报警装置,用于提醒注意运动部件的起动。 (7)设计的收获机应使操作者在驾驶员位置进行卸料作业。为使操作在处于提升位置的卸料装置下进行保养和维护操作,应按 GB 10395.1—2009 中 4.8 的规定设置机械支撑机构,并应使操作者在危险区外部能够锁定和移开机械支撑机构。 (8)使用说明书中应提供收获机所有维护、安全使用方面的详尽说明和信息。使用说明书应符合 GB/T 15706.2—2007 中 6.5 和 GB 10395.1—2009 中 8.1 的规定。 (9)标志应符合 GB/T 15706.2—2007 中 6.4 和 GB 10395.1—2009 中 8.2、8.3 的规定。		

农林机械 安全 第17部分:甜菜收获机

标准编号	GB 10395.17—2010	被代替标准编号	
发布日期	2010—12—01	实施日期	2011—10—01
归口单位	全国农业机械标准化技术委员会		
起草单位	中国农业机械化科学研究院、黑龙江省农业机械试验鉴定站	主要起草人	张咸胜、李晓东、陈俊宝、吕树盛、皇才进
范围	本部分规定了设计和制造牵引式、悬挂式和自走式甜菜收获机的安全要求和判定方法,还规定了制造厂应提供的安全操作信息的类型。 本部分适用于可进行茎叶切除、去根头、挖掘、捡拾、清理、输送和卸料等一种或多种作业的甜菜收获机。		
主要技术内容	(1)对自走式收获机,应仅能在驾驶员位置控制运动部件的起动和停止。对牵引式和悬挂式收获机,应仅能在牵引机械驾驶员位置控制运动部件的起动和停止。 (2)自走式收获机应装符合 GB/T 21155 规定的声响报警装置,该装置在收获机倒退时应能自动接通。 (3)收获机应通过设计或采取防护措施避免在前部、后部、侧面和顶部与转刀意外接触。 (4)位于距离收获机外部轮廓小于 850 mm 位置处的输送器任何运动部件均应进行防护,排出口除外。 (5)在挖掘装置处于升起位置时,动力甜菜挖掘装置的旋动部件应停止转动。 (6)当操作者坐在自走式收获机的驾驶位置上时,应按本标准规定对操作者进行防护,以防止收获机危险部件造成伤害。 (7)使用说明书中应提供收获机所有维护、安全使用方面的详尽说明和信息。使用说明书应符合 GB/T 15706.2—2007 中 6.5 和 GB 10395.1—2009 中 8.1 的规定。 (8)标志应符合 GB/T 15706.2—2007 中 6.4 和 GB 10395.1—2009 中 8.2、8.3 的规定。		

农林机械 安全 第18部分:软管牵引绞盘式喷灌机

标准编号	GB 10395.18—2010	被代替标准编号	
发布日期	2010—12—01	实施日期	2011—10—01
归口单位	全国农业机械标准化技术委员会		
起草单位	中国农业机械化科学研究院、江苏大学流体机械工程技术研究中心	主要起草人	张咸胜、王洋、张金凤、皇才进、汤跃、张琦、袁建平、潘中永
范围	本部分规定了设计和制造软管牵引绞盘式喷灌机,包括自走式喷灌机的安全要求和判定方法,还规定了制造厂应提供的安全操作信息的类型。 本部分适用于软管牵引绞盘式喷灌机。		
主要技术内容	本部分对软管牵引绞盘式喷灌机的术语和定义、安全要求和/安全措施、安全要求和/安全措施的判定、使用信息进行了规定。 (1)设计喷灌机时,本部分未涉及的危险应遵循 GB/T 15706.1 和 GB/T 15706.2 规定的原则。除本部分另有规定外,喷灌机应符合 GB 10395.1 和 GB 23821—2009 中表1、表3、表4 和表6 的规定。 (2)无论喷枪的转速多大,在喷枪运行期间必须操作操纵机构调整喷枪时,该操纵机构置于离地或平台高度小于 1.80 m 的位置处。转速大于 1 rad/s 的喷枪置于离地或平台高度不小于 2 m 的位置处。 (3)使用说明书中应提供喷灌机所有维护、安全使用方面的详尽说明和信息。使用说明书应符合 GB/T 15706.2—2007 中 6.5 和 GB 10395.1—2009 中 8.1 的规定。 (4)标志应符合 GB/T 15706.2—2007 中 6.4 和 GB 10395.1—2009 中 8.2、8.3 的规定。 (5)附录 A:危险一览表。 　a)给出了基于 GB/T 15706.1—2007 和 GB/T 15706.2—2007 的危险一览表。 　b)给出了由机器移动产生的危险一览表。		

农林机械　安全　第19部分:中心支轴式和平移式喷灌机

标准编号	GB 10395.19—2010	被代替标准编号	
发布日期	2010—12—01	实施日期	2011—10—01
归口单位	全国农业机械标准化技术委员会		
起草单位	中国农业机械化科学研究院、江苏大学流体机械工程技术研究中心	主要起草人	张咸胜、王洋、张金凤、皇才进、汤跃、张琦、袁建平、曹卫东
范围	本部分规定了设计和制造电动中心支轴式和平移式喷灌机的安全要求和判定方法,还规定了制造厂应提供的安全操作信息的类型。 本部分适用于中心支轴式和平移式喷灌机。		
主要技术内容	本部分对中心支轴式和平移式喷灌机的术语和定义、安全要求和/或措施、安全要求和/或措施的判定、使用信息进行了规定。 　(1)使用说明书中应提供喷灌机所有维护、安全使用方面的详尽说明和信息。使用说明书应符合 GB/T 15706.2—2007 中 6.5 和 GB 10395.1—2009 中 8.1 的规定。 　(2)标志应符合 GB/T 15706.2—2007 中 6.4 和 GB 10395.1—2009 中 8.2、8.3 的规定。 　(3)附录 A:危险一览表。 　　a)给出了基于 GB/T 15706.1—2007 和 GB/T 15706.2—2007 的危险一览表。 　　b)给出了由机器移动产生的危险一览表。		

农林机械　安全　第 20 部分:捡拾打捆机

标准编号	GB 10395.20—2010	被代替标准编号	
发布日期	2010—12—01	实施日期	2011—10—01
归口单位	全国农业机械标准化技术委员会		
起草单位	中国农业机械化科学研究院、中国农业机械化科学研究院呼和浩特分院	主要起草人	张咸胜、杨铁军、李秀荣、陈俊宝、皇才进、吕树盛
范围	本部分规定了设计和制造各类自走式和牵引式捡拾打捆机的安全要求和判定方法,还规定了制造厂应提供的安全操作信息的类型。 本部分适用于捡拾打捆机。		
主要技术内容	(1)为保证防护措施能够防止与可接近的运动传动部件相关的危险,打捆机应配备固定式防护装置。 (2)为了防止操作者在捡拾装置前部和侧面与可接近的运转部件意外接触,应通过屏障和打捆机固定部件的组合进行防护。 (3)飞轮的可接近部件应按规定进行防护。 (4)打结器的顶部和左右两侧均应进行防护。防护装置应容易打开以便于调节和清理打结器。打捆机应能够通过手动操纵机构切断打结器和穿针的动力,并防止这些部件意外起动。 (5)使用说明书中应提供打捆机保养、安全使用、作业安全系统、防范措施和专用装置方面的详尽说明和信息。使用说明书应符合 GB/T 15706.2—2007 中 6.5 和 GB 10395.1—2009 中 8.1 的规定。 (6)标志应符合 GB/T 15706.2—2007 中 6.4 和 GB 10395.1—2009 中 8.2、8.3 的规定。 (7)附录 A:危险一览表。 　　a)给出了基于 GB/T 15706.1—2007 和 GB/T 15706.2—2007 的危险一览表。 　　b)给出了由机器移动产生的危险一览表。		

农林机械 安全 第21部分:动力摊晒机和搂草机

标准编号	GB 10395.21—2010	被代替标准编号	
发布日期	2010—12—01	实施日期	2011—10—01
归口单位	全国农业机械标准化技术委员会		
起草单位	中国农业机械化科学研究院、中国农业机械化科学研究院呼和浩特分院	主要起草人	张咸胜、杨铁军、李秀荣、高晨鸣、皇才进、吕树盛
范围	本部分规定了设计和制造以拖拉机动力或辅助动力驱动的悬挂式和半悬挂式摊晒机、搂草机和单转轮或多转轮摊晒搂草机的安全要求和判定方法。 本部分适用于动力摊晒机和搂草机。		
主要技术内容	(1)机器的运转部件前部、后部均应进行防护,防护装置至少应覆盖机器工作部件运动轨迹最外端点。 (2)机器应按使用说明书的规定停放于硬地上,机身整体倾斜在 8.5°以内应保持稳定。 (3)保存停放搂草机时,应提升工作转轮。摊晒机在入库存放时,外部的转轮应提升到停放位置并安装一个挡板作为防护装置。 (4)没有操作人员的允许,在拖动机器时不应放下转轮。运输机器时应折转轮部件,并装止动装置,以防在运输时机器转轮自行降落。 (5)使用说明书中应提供机器保养、安全使用和专用装置等方面的详尽说明和信息。使用说明书应符合 GB/T 15706.2—2007 中 6.5 和 GB 10395.1—2009 中 8.1 的规定。 (6)标志应符合 GB/T 15706.2—2007 中 6.4 和 GB 10395.1—2009 中 8.2、8.3 的规定。 (7)附录 A:危险一览表。 　a)给出了基于 GB/T 15706.1—2007 和 GB/T 15706.2—2007 的危险一览表。 　b)给出了由机器移动产生的危险一览表。 (8)附录 C:适用的安全标志示例。 　给出了适用于动力摊晒机和搂草机的安全标志示例。		

农林机械 安全 第22部分:前装载装置

标准编号	GB 10395.22—2010	被代替标准编号	
发布日期	2010—12—01	实施日期	2011—10—01
归口单位	全国农业机械标准化技术委员会		
起草单位	中国农业机械化科学研究院、洛阳拖拉机研究所	主要起草人	张咸胜、尚项绳、陈俊宝、皇才进、吕树盛
范围	本部分规定了设计和制造安装在农林轮式拖拉机上的前装载装置的安全要求和判定方法。 本部分给出了举升臂装配到拖拉机安装支架上的相关危险,以及工作部件固定装置装配到举升臂上的相关危险;本部分未给出运输状态对乘员所产生的危险。 本部分适用于安装在农林轮式拖拉机上的前装载装置。		
主要技术内容	(1)应能防止升起的举升臂意外降落。 (2)应提供机械支撑装置或其他液压锁定装置,以保证在举升臂升起的部件下,操作者能进行维修和保养操作。 (3)使用说明书中应提供前装载装置所有维护、安全使用方面的详尽说明和信息。使用说明书应符合 GB/T 15706.2—2007 中 6.5 和 GB 10395.1—2009 中 8.1 的规定。 (4)标志应符合 GB/T 15706.2—2007 中 6.4 和 GB 10395.1—2009 中 8.2、8.3 的规定。 (5)附录 A:危险一览表。 　a)给出了基于 GB/T 15706.1—2007 和 GB/T 15706.2—2007 的危险一览表。 　b)给出了由机器移动产生的危险一览表。 　c)给出了由举升载荷产生的危险一览表。 (6)附录 C:适用的安全标志示例。 　给出了适用于动力摊晒机和搂草机的安全标志示例。		

农林机械 安全 第 23 部分:固定式圆形青贮窖卸料机

标准编号	GB 10395.23—2010	被代替标准编号	
发布日期	2010—12—01	实施日期	2011—10—01
归口单位	全国农业机械标准化技术委员会		
起草单位	中国农业机械化科学研究院、中国农业机械化科学研究院呼和浩特分院	主要起草人	张咸胜、杨铁军、李秀荣、陈俊宝、皇才进、吕树盛
范围	本部分规定了设计和制造安装在固定式圆形青贮窖中用于卸出青贮饲料的卸料机的安全要求,还规定了制造厂应提供的安全操作信息的类型。本部分未规定卸料机移窖时安装或拆除方面的技术要求。 本部分适用于在青贮饲料层上表面工作的低速电动青贮窖卸料机。 本部分仅涉及由卸料机产生的危险,不涉及青贮窖系统自身产生的危险。		
主要技术内容	(1)形成切割臂的青贮饲料切刀整个长度的前部、后部和顶部均应进行防护。 (2)在装传动辊卸料机的切割臂上安装手动操作装置,以使操作者能安全地进行手动操作清除切割臂的堵塞。该装置应安装在触发装置的前面。 (3)通向电动机、吹送机和切割臂间传动系的入口处应用固定式防护装置进行防护。 (4)电缆应进行防护使其不会在使用中损坏。会被拉伸的任何电缆均应定位和固定,以使电缆移动或拉伸不会致使人员陷入危险。 (5)使用说明书中应提供卸料机所有操作、保养、安全使用方面的详尽说明和信息。使用说明书应符合 GB/T 15706.2—2007 中 6.5 和 GB 10395.1—2009 中 8.1 的规定。安全标志应在使用说明书中解释。 (6)标志应符合 GB/T 15706.2—2007 中 6.4 和 GB 10395.1—2009 中 8.2、8.3 的规定。所有卸料机和青贮窖外部均应设置清晰耐久标志。 (7)附录 A:危险一览表。 给出了基于 GB/T 15706.1—2007 和 GB/T 15706.2—2007 的危险一览表。		

农林机械 安全 第24部分:液体肥料施肥车

标准编号	GB 10395.24—2010	被代替标准编号	
发布日期	2010—12—01	实施日期	2011—10—01
归口单位	全国农业机械标准化技术委员会		
起草单位	中国农业机械化科学研究院	主要 起草人	张咸胜、陈俊宝、皇才进、 吕树盛
范围	本部分规定了设计和制造各类半悬挂式、牵引式和自走式液体肥料车,包括气动和机动液体肥料撒施或注射装置的安全要求和判定方法。本部分还规定了制造厂应提供的安全操作信息的类型。 本部分适用于半悬挂式、牵引式和自走式液体肥料施肥车。		
主要技术内容	本部分对液体肥料施肥车的术语与定义、安全要求和/或措施、安全要求和/或安全措施的判定、使用信息进行了规定。 (1)在拖拉机或自走式施肥车的驾驶位置上应能起动和停止施肥操作。 (2)使用说明书中应提供液体肥料施肥车所有维护、安全使用方面的详尽说明和信息。使用说明书应符合 GB/T 15706.2—2007 中 6.5 和 GB 10395.1—2009 中 8.1 的规定。 (3)标志应符合 GB/T 15706.2—2007 中 6.4 和 GB 10395.1—2009 中 8.2、8.3 的规定。所有液体肥料施肥车均应设置清晰耐久标志。 (4)附录 A:危险一览表。 　　a)给出了基于 GB/T 15706.1—2007 和 GB/T 15706.2—2007 的危险一览表。 　　b)给出了由机器移动产生的危险一览表。		

农林拖拉机和机械、草坪和园艺动力机械
安全标志和危险图形　总则

标准编号	GB 10396—2006	被代替标准编号	GB 10396—1999
发布日期	2006—03—29	实施日期	2006—11—01
归口单位	全国农业机械标准化技术委员会		
起草单位	中国农业机械化科学研究院、洛阳拖拉机研究所、呼和浩特畜牧机械研究所	主要起草人	张咸胜、尚项绳、王建平、陈俊宝、孔庆梅、关朋
范围	本标准规定了农林拖拉机和机械、草坪和园艺动力机械用安全标志和危险图形的设计和使用原则。 本标准还给出了安全标志的作用、安全标志的基本型式和颜色、安全标志带的设计规范等。		
主要技术内容	1. **安全标志的型式** 　　安全标志由边框围绕的两个或两个以上的矩形带构成,用来传递与机器操作有关的危险信息。 　　安全标志分竖排列和横排列两种排列形式,应优先采用竖排列式。 　2. **符号带** 　　安全标志的符号带由安全警戒符号和 3 个危险程度标志词之一组成。3 个危险程度标志词为:危险、警告、注意。危险程度标志词用来提醒观察者存在危险和危险的相对严重程度。 　3. **图形带** 　　安全标志的图形带由一个描述危险图形、一个避免危险图形或仅由安全警戒符号构成。在两带式安全标志中,描述危险图形应由安全警戒三角形包络,以指明该标志为安全标志。 　4. **文字带** 　　安全标志文字带由文字性信息组成。文字带或文字带与图形带的组合可描述危险、解释面临危险的潜在后果,并说明如何避免危险。文字信息应简洁、明了,行数尽可能少。 　5. **安全标志的颜色** 　　危险标志的符号带底色应为红色、危险程度标志词应为白色。警告标志的符号带底色应为橙色、危险程度标志词应为黑色。注意标志的符号带底色应为黄色、危险程度标志词应为黑色。		

农业机械运行安全技术条件 第1部分:拖拉机

标准编号	GB 16151.1—2008	被代替标准编号	GB16151.1～3—1996
发布日期	2008—07—04	实施日期	2009—01—01
归口单位	全国农业机械标准化技术委员会		
起草单位	农业部农机监理总站、农业部农业机械试验鉴定总站等	主要起草人	丁翔文、姚海、吴晓玲、耿占斌、张耀春、谢传喜等
范围	本部分规定了拖拉机的整机及其发动机、传动系、行走系、转向系、制动系、照明及信号等装置、液压悬挂及牵引装置、驾驶室等部件有关运行安全和排气污染物控制、噪声控制的基本技术要求。 本部分适用于在我国使用的轮式、履带和手扶拖拉机和拖拉机运输机组的安全检验;其他用于农业作业的具有拖拉机功能的动力机械参照使用。		
主要技术内容	**整机** 1. 标志 　拖拉机机身前部外表面的易见部位上应至少装置一个能持续保持的商标或厂标;拖拉机应装置能持续保持的产品中文标牌;发动机型号应打印(或铸出)在气缸体易见部位,出厂编号应打印在气缸体易见且易于拓印部位,打印字高应不小于7 mm,深度应不小于0.2 mm,两端应打印起止标记;拖拉机整机型号和出厂编号应打印在机架(对无机架的拖拉机为机身主要承载且不能拆卸的构件)易见且易于拓印部位,打印字高为10 mm,深度应不小于0.3 mm,型号在前,出厂编号在后,两端应打印起止标记。 2. 安全防护及安全标志 　驾驶员工作和维护保养时,易发生危险的部位应加设防护装置并在明显处设置安全标志,其防护要求及安全标志应符合GB 18447.1和GB 18447.2的规定。 3. 外观 　外观应整洁,各零部件、仪表、铅封及附件齐备完好,联结紧固,各部件不应有妨碍操作、影响安全的改装。 4. 密封性 　各部位无明显漏水、漏油和漏气现象。 5. 行驶轨迹 　轮式拖拉机运输机组在平坦、干燥的路面上直线行驶时,挂车后轴中心相对于牵引车前轴中心的最大摆动幅度应不大于220 mm。 6. 侧倾稳定角 　轮式拖拉机运输机组在空载、静态状态下,向左侧和向右侧倾斜最大侧倾稳定角:拖拉机半挂车运输机组≥25°;拖拉机全挂车运输机组≥35°。 7. 挂拖质量比 　轮式拖拉机运输机组的挂拖质量比(挂车最大允许总质量与拖拉机使用质量之比)应不大于3。 8. 比功率 　拖拉机运输机组的比功率应不小于4.0 kW/t。		

农业机械运行安全技术条件 第5部分:农用挂车

标准编号	GB 16151.5—2008	被代替标准编号	GB 16151.5—1996
发布日期	2008—07—04	实施日期	2009—01—01
归口单位	全国农业机械标准化技术委员会		
起草单位	农业部农机监理总站、农业部农业机械试验鉴定总站等	主要起草人	丁翔文、姚海、吴晓玲、耿占斌、张耀春、程颖等
范围	本部分规定了半挂、全挂挂车整车及其车厢、车架和悬架、牵引架和转盘、行走装置、制动系统、液压倾卸系统、信号装置等有关运行安全的基本技术要求。 本部分适用于在我国使用的农用挂车。		
主要技术内容	1. **整车** 　(1)挂车应装置能持续保持的产品中文标牌,产品标牌应固定在一个明显的、不受更换部件影响的位置,其具体位置应在产品技术文件要求中指明。 　(2)挂车的型号和出厂编号应打印(或铸出)在车架上易见且易于拓印部位,打印字高为 10 mm,深度应不小于 0.3 mm,型号在前,出厂编号在后,两端应打印起止标记。其具体位置应在产品技术文件要求中指明。 　(3)挂车与拖拉机配套后的外廓尺寸应符合 GB 16151.1 的规定。 　(4)挂车外观整洁,零部件完好,联结紧固。 　(5)电缆线、制动气管和液压油管应设保护装置,其长度应适当、固定位置应合理,在转弯、倒车时应不受影响。 　(6)全挂挂车的车厢底部至地面距离大于 800 mm 时,应在前后轮间两外侧装置防护网(架)。但本身结构已能防止行人和骑车人等卷入的除外。 　(7)挂车后面横梁上应设置号牌座,其位置在中部或左部。 2. **牵引架和转盘** 　(1)牵引架不应变形,应装置有保险索、链。 　(2)牵引架与拖拉机连接插销应锁定可靠,牵引环在拖拉机牵引叉中转动灵活。 　(3)挂车与手扶拖拉机挂接后,插销与牵引框孔之间的间隙应保证操纵把手的上、下移动幅度应不大于 200 mm。 　(4)全挂挂车的上下转盘相对转动灵活。 3. **制动系统** 　(1)挂车应有可靠的制动系统。与轮式拖拉机配套的载质量大于 1t、小于 3t 的挂车应装置液压和/或气压式制动系统;载质量不小于 3t 的挂车应装置气压式断气制动系统。 　(2)手扶拖拉机挂车上的制动器在产生最大制动作用后,应留有 1/5 以上的储备行程。 　(3)挂车与拖拉机挂接后,行驶于干燥平坦的混凝土或沥青路面上,其制动性能应符合 GB 16151.1 的规定。 　(4)拖拉机运输机组在坡度为 20% 的干硬坡道上,挂空挡,使用驻车制动装置,应能沿上、下坡方向可靠停驻,时间应不小于 5min。		

农业机械运行安全技术条件 第12部分:谷物联合收割机

标准编号	GB 16151.12—2008	被代替标准编号	GB 16151.12—1996
发布日期	2008—07—04	实施日期	2009—01—01
归口单位	全国农业机械标准化技术委员会		
起草单位	农业部农机监理总站、江苏省农业机械安全监理所等	主要起草人	丁翔文、姚海、吴晓玲、张耀春、谢传喜、程颖等
范围	本部分规定了谷物联合收割机的整机及其发动机、传动系、转向系、制动系、机架及行走系、割台、脱粒部分、粮箱、集草箱、集糠箱及茎秆切碎器、驾驶室和外罩壳、液压系统、照明和信号装置有关作业安全的技术要求。 本部分适用收割机的运行安全技术检验。		
主要技术内容	**整机** (1)收割机及其发动机的标牌、编号、标记齐全、字迹清晰。在机身前部外表面的易见部位上,应至少装置一个能永久保持的商标或厂标。收割机应装置能永久保持的产品标牌。 (2)机件、仪表、铅封及附属设备应齐全,联结紧固。 (3)承受交变载荷的紧固件强度等级,关键部位(如发动机、滚筒、割台、轮毂)的螺栓应不低于8.8级,螺母应不低于8级。 (4)操纵件操作应灵活有效,旋转部件转动应无卡滞。自动回位的手柄、踏板应能及时回应。 (5)仪表准确,指示器的指示位置应与各有关部位的实际情况相符。 (6)各部位不应有妨碍操作,影响安全的改装。 (7)各油管接头、阀门、螺塞、密封垫圈、油封、水封及结合面垫片,应结合严密,齐全完好。 (8)各系统相应部件及各部位应无变形、破裂、脱焊、渗漏、严重锈蚀及连接松动的情况。 (9)链条、胶带、缆索、转轮、转轴等外露传动机件及风扇进风口、割刀端部、茎秆切碎器端部和发动机排气管高温处,会对人体产生伤害的地方,应设置防护板(罩、网)。 (10)万向节及其传动轴在防止身体接触的部位应设置安全防护罩。 (11)对切割器、割台螺旋输送器、拨禾轮、茎秆切碎器等设计制造中无法置于防护罩内,有可能对身体产生伤害的运动部件,应在其附近醒目处设置永久性安全标志。 (12)燃油箱与发动机排气管之间的距离应不小于300 mm,距裸露电气接头及电器开关200 mm以上,或设置有效的隔热装置。 (13)扶手、梯子、通道、操作平台等应符合GB 10395.1和GB 10395.7中的有关规定。 (14)整机易发生危险部位应按GB 10395.1的规定加设防护装置。可开启的防护装置上应有适当的安全标志。		

拖拉机　安全要求　第1部分:轮式拖拉机

标准编号	GB 18447.1—2008	被代替标准编号	GB 18447.1—2001
发布日期	2008—02—26	实施日期	2008—10—01
归口单位	全国拖拉机标准化技术委员会		
起草单位	洛阳拖拉机研究所	主要 起草人	李京忠、郭志强、郎志中、 朱金光、赵电昭、岳芹、李乐臣、 尚项绳
范围	本部分是从物理性能及预定使用方面对农业轮式拖拉机提出的限制,所规定的安全要求适用于 GB/T 15706.1—2007 中 3.6 规定的机器寿命期内各阶段所产生的危险。 本部分适用于在我国使用的直联传动轮式拖拉机。		
主要技术内容	(1)拖拉机在行走、作业及维修过程中可能产生的危险有:挤压危险、剪切危险、旋转件无防护装置、机械失灵、排气烟度过大、通道或其他位置打滑、与热源接触灼伤、电解液泄露导致的危险、照明信号不足、噪声太大、制动失效和误操作导致的危险。 (2)有驾驶室的拖拉机,可设乘员座椅。乘员座椅应固定牢固,其位置不能影响驾驶员操作,且座椅不应增加拖拉机的外廓尺寸。不带驾驶室的拖拉机后挡泥板不允许设乘员座椅。 (3)拖拉机的轮圈轮辋应有足够的强度,以保证在正常工作和维修保养时不致损坏。 (4)拖拉机液压系统应有防止过载的安全保护装置,液压转向系用液压管路的爆破压力至少应能承受系统正常工作压力的 4 倍,其他液压管路爆破压力应至少能承受正常工作压力 2.5 倍。并在管路上标明承受的正常工作压力。 (5)拖拉机液压管路及电器线路的布置应避免摩擦和接触发热部件。 (6)拖拉机燃油箱的安装应保证周围不存在突出物和锐边、尖角等。带驾驶室的拖拉机,输油管和加油口必须安装在驾驶室外部。燃油箱自身结构应满足以下要求:燃油箱通入 2 倍的燃油箱工作压力或不低于 30 kPa 压缩空气,10 min 内应无渗漏现象;燃油箱注入额定容量的 85% 的水,装好燃油箱盖,翻转燃油箱使加注口朝下,燃油箱盖及进排气装置的泄漏量应不大于 30 g/min。 (7)拖拉机应能配备安全架(或安全驾驶室)及安全带,其强度应符合 GB/T 19498、JB/T 7325 和 JB/T 8303 的规定。 (8)拖拉机驾驶室内饰材料的阻燃特性应符合 GB/T 20953—2007 的规定。 (9)拖拉机应安装非粘贴的后反射器。后反射器应与拖拉机牢固连接,且应能保证夜间在正后方 150 m 处用光照强度为 18 000 cd 的前照灯照射时,在照射位置就能确认其反射光。 (10)每台拖拉机应向用户提供使用说明书,说明书的编写应通俗易懂,拖拉机所用润滑油牌号应有中国润滑油的相应牌号。其安全操作要求应符合 GB/T 9480 的规定,内容至少应包括:避免危险的安全操作注意事项、紧急情况应采取的措施、禁用要求、安全标志的说明。		

拖拉机 安全要求 第2部分:手扶拖拉机

标准编号	GB 18447.2—2008	被代替标准编号	GB 18447.2—2001
发布日期	2008—12—31	实施日期	2009—10—01
归口单位	全国拖拉机标准化技术委员会		
起草单位	洛阳拖拉机研究所	主要 起草人	李京忠、昌茂宏、朱孔贵、 郎志中、尚项绳
范围	本部分是从物理性能及预定使用方面对手扶拖拉机提出限制,所规定的安全要求适用于 GB/T 15706.1—2007 中 3.6 规定的在机器预定使用期内始终存在的危险。 本部分适用于手扶拖拉机(以下简称拖拉机)。		
主要技术内容	(1)拖拉机在行走、作业及危险过程中可能产生的危险如下:外露旋转部件无防护装置、机械失灵、排气烟度过大、与热源接触灼伤、噪声太大、制动失效、照明信号不足、误操作导致的危险。 (2)拖拉机最大不透光排气烟度值不大于 $3.2\ \mathrm{m^{-1}}$,按 GB/T 3871.13 的规定测量。 (3)拖拉机环境和驾驶员操作位置处噪声限值应符合 GB 6376 的规定,并按 GB/T 6229 规定检测。 (4)拖拉机在 20% 的干硬坡道上,使用驻车制动装置,应能沿上、下坡方向可靠停住,并按 GB/T 6229 的规定检测。 (5)拖拉机应有一个前照灯,其发光强度应不小于 6 000 cd。 (6)拖拉机在车身前部外表面的易见部位上应安装一个能永久保持的商标或厂标。 (7)拖拉机应装置能永久保持的产品标牌,标牌标明的内容至少应包括:拖拉机名称型号、发动机标定功率(12h)、出厂编号及年月、制造厂名称及地址、产品执行标准编号。		

拖拉机 安全要求 第3部分:履带拖拉机

标准编号	GB 18447.3—2008	被代替标准编号	GB 18447.1—2001
发布日期	2008—12—31	实施日期	2009—10—01
归口单位	全国拖拉机标准化技术委员会		
起草单位	国家拖拉机质量监督检验中心	主要 起草人	李京忠、郭志强、李乐臣、 尚项绳、徐惠娟、王彬彬
范围	本部分是从物理性能及预定使用方面对履带拖拉机提出限制,所规定的安全要求适用于 GB/T 15706.1—2007 中 3.6 规定的在机器预定使用期内始终存在的危险。 本部分适用于履带拖拉机(以下简称拖拉机)。		
主要技术内容	(1)拖拉机在行走、作业及维修过程中可能产生的危险有:挤压危险、剪切危险、旋转件无防护装置、机械失灵、排气烟度过大、通道或其他位置打滑、与热源接触灼伤、电解液泄露导致的危险、照明信号不足、噪声太大、制动失效、误操作导致的危险。 (2)有驾驶室的拖拉机,可设乘员座椅,乘员座椅应固定牢固,其位置不能影响驾驶员操作,且座椅不应增加拖拉机的外廓尺寸。 (3)拖拉机最大不透光排气烟度值不大于 2.3 m^{-1},按 GB/T 3871.13 的规定测量。 (4)带驾驶室的拖拉机应在左、右各设一面后视镜。后视镜应符合 GB/T 20948 的规定。 (5)拖拉机液压系统应有防止过载的安全保护装置,液压管路爆破压力应至少能承受正常工作压力的 2.5 倍,并在管路上标明承受的正常工作压力。 (6)拖拉机电器线路的连接应正确、可靠,导线应捆扎成束,布置整齐,固定卡紧,接头牢固并有绝缘套。导线穿越孔洞时应设绝缘套管。拖拉机液压管路及电器线路的布置应避免摩擦和接触发热部件。 (7)拖拉机燃油箱的安装应保证周围不存在突出物和锐边、尖角等。带驾驶室的拖拉机,输油管和加油口必须安装在驾驶室外部。 (8)拖拉机环境和驾驶员操作位置处噪声限值应符合 GB 6376 的规定,并按 GB/T 3871.8 的规定检测。 (9)拖拉机驾驶室内饰材料的阻燃特性应符合 GB/T 20953 的规定。 (10)拖拉机应安装后反射器。后反射器应与拖拉机牢固连接,且应能保证夜间在正后方 150 m 处用光照强度为 18 000cd 的前照灯照射时,在照射位置就能确认其反射光。		

拖拉机 安全要求 第4部分:皮带传动轮式拖拉机

标准编号	GB 18447.4—2008		被代替标准编号	
发布日期	2008—12—31		实施日期	2009—10—01
归口单位	全国拖拉机标准化技术委员会			
起草单位	国家拖拉机质量监督检验中心		主要 起草人	郎志中、田朝阳、林连华、 李京忠、杨吉生、徐惠娟、 王彬彬、尚项绳
范围	本部分是从物理性能及预定使用方面对皮带传动轮式拖拉机提出的限制,所规定的安全要求适用于 GB/T 15706.1—2007 中 3.6 规定的在机器预定使用期内始终存在的危险。 本部分适用于皮带传动轮式拖拉机(以下简称拖拉机)。			
主要技术内容	(1)拖拉机在行走、作业及维修过程中可能产生的危险有:挤压危险、剪切危险、旋转件无防护装置、机械失灵、排气烟度过大、通道或其他位置打滑、与热源接触灼伤、电解液泄露导致的危险、照明信号不足、噪声太大、制动失效、误操作导致的危险。 (2)有驾驶室的拖拉机,可设乘员座椅,乘员座椅应固定牢固,其位置不能影响驾驶员操作,且座椅不应增加拖拉机的外廓尺寸。不带驾驶室的拖拉机后挡泥板不允许设乘员座椅。 (3)拖拉机的轮圈轮辋应有足够的强度,以保证在正常工作和维修保养时不致损坏。 (4)拖拉机液压系统应有防止过载的安全保护装置,液压转向系用液压管路的爆破压力至少应能承受系统正常工作压力的 4 倍,其他液压管路爆破压力应至少能承受正常工作压力的 2.5 倍,并在管路上标明承受的正常工作压力。 (5)驾驶室前挡风玻璃应使用安全玻璃,并符合 GB 9656 的要求;前风窗应配备刮水器,刮水器的起止位置应不影响驾驶员的视野。 (6)拖拉机燃油箱的安装应保证周围不存在突出物和锐边、尖角等。带驾驶室的拖拉机,输油管和加油口必须安装在驾驶室外部。 (7)拖拉机应能配备安全架及安全带。 (8)拖拉机应安装非粘贴的后反射器。 (9)带驾驶室的拖拉机应在左、右各设一面后视镜,不带驾驶室的拖拉机应至少设置一面后视镜。后视镜应符合 GB/T 20948 的规定。			

农林拖拉机和机械 安全技术要求 第3部分:拖拉机

标准编号	GB/T 15369—2004	被代替标准编号	GB/T 15369—1994
发布日期	2004—05—08	实施日期	2004—10—01
归口单位	全国拖拉机标准化技术委员会		
起草单位	洛阳拖拉机研究所	主要 起草人	尚项绳、韩梅笑
范围	本标准规定了使用农林拖拉机和机械时防止发生意外事故的准则和设计拖拉机时应达到的合理参数,以保证驾驶员和进行正常作业、维护保养人员的人身安全。		
主要技术内容	(1)主操纵手柄及其连接杆应适当布置或加以防护,使操作者站在拖拉机与悬挂机具之间时也不能接触到它们。 (2)若安装了附加的外置操纵手柄,操作者应能在安全位置上操纵它们。 (3)进入驾驶座的通道应符合 GB/T 6238—2004 的规定,驾驶员或其衣服应不被卡住或挂住。 (4)应合理布置窄轮(轨)距拖拉机的排气管路,使驾驶员进入就座或坐着进行操作时不会接触到灼热构件,否则应将发热构件罩起来,以保护驾驶员。 (5)应设置合适的车梯和扶手,以便于进行日常维护保养和检查燃油量。 (6)应按 GB/T 9480 的规定编写使用说明书,应包括对拖拉机的安全要求以及有关拖拉机操作的其他特殊要求,说明书中还应包括各种配附件、选装件的安装、使用和日常维护保养等。		

拖拉机禁用和报废

标准编号	GB/T 16877—2008	被代替标准编号		GB/T 16877—1997
发布日期	2008—07—09	实施日期		2009—02—01
归口单位	全国拖拉机标准化技术委员会			
起草单位	洛阳拖拉机研究所、国家拖拉机质量监督检验中心	主要起草人		李京中、徐惠娟
范围	本标准规定了拖拉机禁用与报废的技术要求及经济指标。本标准适用于各种类型拖拉机。			
主要技术内容	1. **禁用技术条件与经济指标** 为了保证拖拉机处于良好的技术状态,使作业达到高效、优质、低耗、安全的目的,具备下列条件之一的拖拉机应禁用: (1)在标定工况下,燃油消耗率上升幅度大于出厂规定值20%的。 (2)大型和中型拖拉机发动机有效功率或动力输出轴功率降低值大于出厂规定值15%的。 (3)小型拖拉机发动机有效功率降低值大于出厂规定值15%的。 (4)有效制动距离大于出厂规定值的。 (5)经非规范改装存在安全隐患、不符合 GB 18447 要求的。 2. **报废技术条件与经济指标** 经过一定时期使用后,具备下列条件之一的拖拉机应报废: (1)履带拖拉机使用年限超过12年(或累计作业超过1.5万h),经过检查调整或更换易损件后,技术状况仍属上述禁用技术条件与经济指标中(1)或(2)的。 (2)大型和中型拖拉机使用年限超过15年(或累计作业超过1.8万h),经过检查调整或更换易损件后,技术状况仍属上述禁用技术条件与经济指标中(1)或(2)的。 (3)小型拖拉机使用年限超过10年(或累计作业超过1.2万h),经过检查调整或更换易损件后,技术状况仍属上述禁用技术条件与经济指标中(1)或(3)的。 (4)由于各种原因造成严重损坏,无法修复的。 (5)预计大修费用大于同类新车价格50%的。 (6)未达到报废年限,但技术状况差且无配件来源的。 (7)国家明令淘汰的。			

第二部分
行 业 标 准

ICS 65.060
B 90

中华人民共和国农业行业标准

NY/T 1640—2008

农业机械分类

Agricultural machinery classification

2008-07-14 发布   2008-07-14 实施

中华人民共和国农业部 发布

NY/T 1640—2008

前　言

本标准由中华人民共和国农业部提出。

本标准由全国农业机械标准化技术委员会农业机械化分技术委员会归口。

本标准起草单位：农业部农业机械试验鉴定总站、农业部农业机械维修研究所。

本标准主要起草人：朱良、王心颖、韩雪、杨金生、邹德臣、储为文、张健。

农 业 机 械 分 类

1 范围

本标准规定了农业机械(不含农业机械零部件)的分类及代码。

本标准适用于农业机械化管理中对农业机械的分类及统计,农业机械其他行业可参照执行。

2 术语和定义

下列术语和定义适用于本标准。

2.1

田间管理机械 field management machinery

农作物及草坪、果树生长过程中的管理机械,包括中耕、植保和修剪机械。

2.2

收获后处理机械 post-harvest processing machinery

对收获的作物进行脱粒、清选、干燥、仓储及种子加工的机械与设备。

2.3

农用搬运机械 agricultural conveying machinery

符合农业生产特点的运输和装卸机械。

2.4

畜牧水产养殖机械 animal husbandry breeding and aquiculture machinery

畜牧养殖和水产养殖生产过程中所需的饲料(草)加工、饲养及畜产品采集加工机械。

3 原则及规定

3.1 采用线分类法对农业机械进行分类,共分大类、小类和品目三个层次。

3.2 小类及各小类的品目,根据需要设立了带有"其他"字样的收容项。

3.3 对多用途农业机械,按照其主要用途确定类别或尽可能划分到前种类别。如:对于可同时用于耕地作业和中耕作业的铧式犁,归入耕地机械。

3.4 对联合作业机械,按照其主体作业对象和作业功能进行归类。如旋耕播种机,归入播种机械。

4 代码结构及编码方法

4.1 大类代码以2位阿拉伯数字表示,代码从"01"至"14"。

4.2 小类代码以4位阿拉伯数字表示,具体品目代码以6位阿拉伯数字表示,最后2位为顺序码。小类及品目代码均由上位类代码加顺序码组成。代码结构图如下:

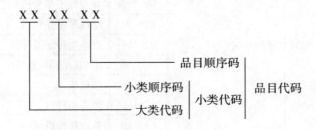

NY/T 1640—2008

4.3 小类及品目中数字尾数为"99"的代码均表示其他类目。尾数为"9999"的品目代码均表示其他小类的具体品目。

5 分类及代码

　　农业机械共分 14 个大类,57 个小类(不含"其他"),276 个品目(不含"其他")。农业机械分类及代码见表1。

表 1　农业机械分类及代码表

大类		小类		品目	
代码	名称	代码	名称	代码	名称
01	耕整地机械	0101	耕地机械	010101	铧式犁
				010102	翻转犁
				010103	圆盘犁
				010104	栅条犁
				010105	旋耕机
				010106	耕整机(水田、旱田)
				010107	微耕机
				010108	田园管理机
				010109	开沟机(器)
				010110	浅松机
				010111	深松机
				010112	浅耕深松机
				010113	机滚船
				010114	机耕船
				010199	其他耕地机械
		0102	整地机械	010201	钉齿耙
				010202	弹齿耙
				010203	圆盘耙
				010204	滚子耙
				010205	驱动耙
				010206	起垄机
				010207	镇压器
				010208	合墒器
				010209	灭茬机
				010299	其他整地机械
		0199	其他耕整地机械	019999	
02	种植施肥机械	0201	播种机械	020101	条播机
				020102	穴播机
				020103	异型种子播种机
				020104	小粒种子播种机
				020105	根茎类种子播种机
				020106	水稻(水、旱)直播机
				020107	撒播机
				020108	免耕播种机
				020199	其他播种机械

表 1（续）

大类		小类		品目	
代码	名称	代码	名称	代码	名称
02	种植施肥机械	0202	育苗机械设备	020201	秧盘播种成套设备（含床土处理）
				020202	秧田播种机
				020203	种子处理设备（浮选、催芽、脱芒等）
				020204	营养钵压制机
				020205	起苗机
				020299	其他育苗机械设备
		0203	栽植机械	020301	蔬菜移栽机
				020302	油菜栽植机
				020303	水稻插秧机
				020304	水稻抛秧机
				020305	水稻摆秧机
				020306	甘蔗种植机
				020307	草皮栽补机
				020308	树木移栽机
				020399	其他栽植机械
		0204	施肥机械	020401	施肥机（化肥）
				020402	撒肥机（厩肥）
				020403	追肥机（液肥）
				020404	中耕追肥机
				020499	其他施肥机械
		0205	地膜机械	020501	地膜覆盖机
				020502	残膜回收机
				020599	其他地膜机械
		0299	其他种植施肥机械	029999	
03	田间管理机械	0301	中耕机械	030101	中耕机
				030102	培土机
				030103	除草机
				030104	埋藤机
				030199	其他中耕机械
		0302	植保机械	030201	手动喷雾器（含背负式、压缩式、踏板式）
				030202	电动喷雾器（含背负式、手提式）
				030203	机动喷雾喷粉机（含背负式机动喷雾喷粉机、背负式机动喷雾机、背负式机动喷粉机）
				030204	动力喷雾机（含担架式、推车式机动喷雾机）
				030205	喷杆式喷雾机（含牵引式、自走式、悬挂式喷杆喷雾机）
				030206	风送式喷雾机（含自走式、牵引式风送喷雾机）
				030207	烟雾机（含常温烟雾机、热烟雾机）
				030208	杀虫灯（含灭蛾灯、诱虫灯）
				030299	其他植保机械
		0303	修剪机械	030301	嫁接设备
				030302	茶树修剪机
				030303	果树修剪机
				030304	草坪修剪机
				030305	割灌机
				030399	其他修剪机械
		0399	其他田间管理机械	039999	

NY/T 1640—2008

表 1（续）

大类		小类		品目	
代码	名　称	代码	名　称	代码	名　　称
04	收获机械	0401	谷物收获机械	040101	自走轮式谷物联合收割机（全喂入）
				040102	自走履带式谷物联合收割机（全喂入）
				040103	背负式谷物联合收割机
				040104	牵引式谷物联合收割机
				040105	半喂入联合收割机
				040106	梳穗联合收割机
				040107	大豆收获专用割台
				040108	割晒机
				040109	割捆机
				040199	其他谷物收获机械
		0402	玉米收获机械	040201	背负式玉米收获机
				040202	自走式玉米收获机
				040203	自走式玉米联合收获机（具有脱粒功能）
				040204	穗茎兼收玉米收获机
				040299	其他玉米收获机械
		0403	棉麻作物收获机械	040301	棉花收获机
				040302	麻类作物收获机
				040399	其他棉麻作物收获机械
		0404	果实收获机械	040401	葡萄收获机
				040402	果实捡拾机
				040403	草莓收获机
				040499	其他果实收获机械
		0405	蔬菜收获机械	040501	豆类蔬菜收获机
				040502	叶类蔬菜收获机
				040503	果类蔬菜收获机
				040599	其他蔬菜收获机械
		0406	花卉（茶叶）采收机械	040601	花卉采收机
				040602	啤酒花收获机
				040603	采茶机
				040699	其他花卉（茶叶）采收机械
		0407	籽粒作物收获机械	040701	油菜籽收获机
				040702	葵花籽收获机
				040703	草籽收获机
				040704	花生收获机
				040799	其他籽粒作物收获机械
		0408	根茎作物收获机械	040801	薯类收获机
				040802	大蒜收获机
				040803	甜菜收获机
				040804	药材挖掘机
				040805	甘蔗收获机
				040806	甘蔗割铺机
				040807	甘蔗剥叶机
				040899	其他根茎作物收获机械

表 1（续）

大类		小类		品目	
代码	名称	代码	名称	代码	名称
04	收获机械	0409	饲料作物收获机械	040901	青饲料收获机
				040902	牧草收获机
				040903	割草机
				040904	翻晒机
				040905	搂草机
				040906	捡拾压捆机
				040907	压捆机
				040999	其他饲料作物收获机械
		0410	茎秆收集处理机械	041001	秸秆粉碎还田机
				041002	高秆作物割晒机
				041099	其他茎秆收集处理机械
		0499	其他收获机械	049999	
05	收获后处理机械	0501	脱粒机械	050101	稻麦脱粒机
				050102	玉米脱粒机
				050103	脱扬机
				050199	其他脱粒机械
		0502	清选机械	050201	粮食清选机
				050202	种子清选机
				050203	甜菜清理机
				050204	籽棉清理机
				050205	扬场机
				050299	其他清选机械
		0503	剥壳（去皮）机械	050301	玉米剥皮机
				050302	花生脱壳机
				050303	棉籽剥壳机
				050304	干坚果脱壳机
				050305	青豆脱壳机
				050306	大蒜去皮机
				050399	其他剥壳（去皮）机械
		0504	干燥机械	050401	粮食烘干机
				050402	种子烘干机
				050403	籽棉烘干机
				050404	果蔬烘干机
				050405	药材烘干机
				050406	油菜籽烘干机
				050407	热风炉
				050499	其他干燥机械
		0505	种子加工机械	050501	脱芒（绒）机
				050502	种子分级机
				050503	种子包衣机
				050504	种子加工机组
				050505	种子丸粒化处理机
				050506	棉籽脱绒成套设备
				050599	其他种子加工机械

NY/T 1640—2008

表 1（续）

大 类		小 类		品 目	
代码	名　称	代码	名　称	代码	名　称
05	收获后处理机械	0506	仓储机械	050601	金属筒仓
				050602	输粮机
				050603	简易保鲜储藏设备
				050699	其他仓储机械
		0599	其他收获后处理机械	059999	
06	农产品初加工机械	0601	碾米机械	060101	碾米机
				060102	砻谷机
				060103	谷糙分离机
				060104	组合米机
				060105	碾米加工成套设备
				060199	其他碾米机械
		0602	磨粉（浆）机械	060201	打麦机
				060202	洗麦机
				060203	磨粉机
				060204	面粉加工成套设备
				060205	淀粉加工成套设备
				060206	磨浆机
				060207	粉条（丝）加工机
				060299	其他磨粉（浆）机械
		0603	榨油机械	060301	螺旋榨油机
				060302	液压榨油机
				060303	毛油精炼成套设备
				060304	滤油机
				060399	其他榨油机械
		0604	棉花加工机械	060401	轧花机
				060402	皮棉清理机
				060403	剥绒机
				060404	棉花打包机
				060499	其他棉花加工机械
		0605	果蔬加工机械	060501	水果分级机
				060502	水果打蜡机
				060503	切片切丝机
				060504	榨汁机
				060505	蔬菜清洗机
				060506	薯类分级机
				060507	蔬菜分级机
				060599	其他果蔬加工机械
		0606	茶叶加工机械	060601	茶叶杀青机
				060602	茶叶揉捻机
				060603	茶叶炒（烘）干机
				060604	茶叶筛选机
				060699	其他茶叶加工机械
		0699	其他农产品初加工机械	069999	

表 1（续）

大　类		小　类		品　目	
代码	名　称	代码	名　称	代码	名　称
07	农用搬运机械	0701	运输机械	070101	农用挂车
				070102	手扶拖拉机变型运输机
				070103	农业运输车辆
				070104	挂桨机
				070199	其他运输机械
		0702	装卸机械	070201	码垛机
				070202	农用吊车
				070203	农用叉车
				070204	农用装载机
				070299	其他装卸机械
		0703	农用航空器	070301	农用固定翼飞机
				070302	农用旋翼飞机
		0799	其他农用搬运机械	079999	
08	排灌机械	0801	水泵	080101	离心泵
				080102	潜水泵
				080103	微型泵
				080104	泥浆泵
				080105	污水泵
				080199	其他水泵
		0802	喷灌机械设备	080201	喷灌机
				080202	微灌设备（微喷、滴灌、渗灌）
				080203	水井钻机
				080299	其他喷灌机械设备
		0899	其他排灌机械	089999	
09	畜牧水产养殖机械	0901	饲料（草）加工机械设备	090101	青贮切碎机
				090102	铡草机
				090103	揉丝机
				090104	压块机
				090105	饲料粉碎机
				090106	饲料混合机
				090107	饲料破碎机
				090108	饲料分级筛
				090109	饲料打浆机
				090110	颗粒饲料压制机
				090111	饲料搅拌机
				090112	饲料加工成套设备
				090113	饲料膨化机
				090199	其他饲料（草）加工机械设备
		0902	畜牧饲养机械	090201	孵化机
				090202	育雏保温伞
				090203	螺旋喂料机
				090204	送料机
				090205	饮水器
				090206	清粪机（车）
				090207	鸡笼鸡架
				090208	消毒机
				090209	药浴机
				090210	网围栏
				090299	其他畜牧饲养机械

NY/T 1640—2008

表 1（续）

大类		小类		品目	
代码	名称	代码	名称	代码	名称
09	畜牧水产养殖机械	0903	畜产品采集加工机械设备	090301	挤奶机
				090302	剪羊毛机
				090303	牛奶分离机
				090304	储奶罐
				090305	家禽脱羽设备
				090306	家禽浸烫设备
				090307	生猪浸烫设备
				090308	生猪刮毛设备
				090309	屠宰加工成套设备
				090399	其他畜产品采集加工机械设备
		0904	水产养殖机械	090401	增氧机
				090402	投饵机
				090403	网箱养殖设备
				090404	水体净化处理设备
				090499	其他水产养殖机械
		0999	其他畜牧水产养殖机械	099999	
10	动力机械	1001	拖拉机	100101	轮式拖拉机
				100102	手扶拖拉机
				100103	履带式拖拉机
				100104	半履带式拖拉机
				100199	其他拖拉机
		1002	内燃机	100201	柴油机
				100202	汽油机
				100299	其他内燃机
		1003	燃油发电机组	100301	汽油发电机组
				100302	柴油发电机组
				100399	其他燃油发电机组
		1099	其他动力机械	109999	
11	农村可再生能源利用设备	1101	风力设备	110101	风力发电机
				110102	风力提水机
				110199	其他风力设备
		1102	水力设备	110201	微水电设备
				110202	水力提灌机
				110299	其他水力设备
		1103	太阳能设备	110301	太阳能集热器
				110302	太阳灶
				110399	其他太阳能设备
		1104	生物质能设备	110401	沼气发生设备
				110402	沼气灶
				110403	秸秆气化设备
				110404	秸秆燃料致密成型设备(含压块、压棒、压粒等设备)
				110499	其他生物质能设备
		1199	其他农村可再生能源利用设备	119999	

表 1（续）

大　类		小　类		品　目	
代码	名　称	代码	名　称	代码	名　称
12	农田基本建设机械	1201	挖掘机械	120101	挖掘机
				120102	开沟机(开渠用)
				120103	挖坑机
				120104	推土机
				120199	其他挖掘机械
		1202	平地机械	120201	平地机
				120202	铲运机
				120299	其他平地机械
		1203	清淤机械	120301	挖泥船
				120302	清淤机
				120399	其他清淤机械
		1299	其他农田基本建设机械	129999	
13	设施农业设备	1301	日光温室设施设备	130101	日光温室结构(含墙体、屋面、骨架、覆膜)
				130102	卷帘机
				130103	保温被
				130104	加温炉
				130199	其他日光温室设施设备
		1302	塑料大棚设施设备	130201	大棚结构(含骨架、覆膜、卡具)
				130202	手动卷膜器
				130299	其他塑料大棚设施设备
		1303	连栋温室设施设备	130301	连栋温室结构(含基础、骨架、覆盖材料)
				130302	开窗机
				130303	拉幕机(含遮阳网、保温幕)
				130304	排风机
				130305	温帘
				130306	苗床
				130307	二氧化碳发生器
				130308	加温系统(含燃油热风炉、热水加温系统)
				130309	无土栽培系统
				130310	灌溉首部(含灌溉水增压设备、过滤设备、水质软化设备、灌溉施肥一体化设备以及营养液消毒设备等)
				130399	其他连栋温室设施设备
		1399	其他设施农业设备	139999	
14	其他机械	1401	废弃物处理设备	140101	固液分离机
				140102	废弃物料烘干机
				140103	有机废弃物好氧发酵翻堆机
				140104	有机废弃物干式厌氧发酵装置
				140199	其他废弃物处理设备
		1402	包装机械	140201	计量包装机
				140202	灌装机
				140299	其他包装机械

NY/T 1640—2008

表 1（续）

大　类		小　类		品　目	
代码	名　称	代码	名　称	代码	名　称
14	其他机械	1403	牵引机械	140301	卷扬机
				140302	绞盘
				140399	其他牵引机械
		1499	其他机械	149999	

ICS 65.060.10
T 61

中华人民共和国农业行业标准

NY/T 1769—2009

拖拉机安全标志、操纵机构和显示装置用符号技术要求

Technical requirements for tractor safety signs, symbols
for controls and displays

2009-04-23 发布
2009-05-20 实施

中华人民共和国农业部 发布

NY/T 1769—2009

前　言

本标准由中华人民共和国农业部提出。

本标准由全国农业机械标准化委员会农业机械化分技术委员会归口。

本标准起草单位:农业部农业机械试验鉴定总站、约翰·迪尔天拖有限公司、中国一拖集团有限公司、四川省农业机械鉴定站、江苏省农业机械鉴定站、河北省定兴县佳丽彩印厂。

本标准主要起草人:耿占斌、朱星贤、王松、徐世蓓、张素洁、张山坡、蔡国芳、孔华祥。

拖拉机安全标志、操纵机构和
显示装置用符号技术要求

1 范围

本标准规定了拖拉机安全标志、操纵机构和显示装置用符号的技术要求。

本标准适用于手扶拖拉机、轮式和履带拖拉机(以下简称拖拉机),其他变型产品可参照执行。

2 规范性引用文件

下列文件中的条款通过本标准的引用而成为本标准的条款。凡是注日期的引用文件,其随后所有的修改单(不包括勘误的内容)或修订版均不适用于本标准,然而,鼓励根据本标准达成协议的各方研究是否可使用这些文件的最新版本。凡是不注日期的引用文件,其最新版本适用于本标准。

GB/T 4269.1 农林拖拉机和机械、草坪和园艺动力机械 操作者操纵机构和其他显示装置用符号 第1部分:通用符号(GB/T 4269.1—2000,idt ISO 3767—1:1991)

GB/T 4269.2 农林拖拉机和机械、草坪和园艺动力机械 操作者操纵机构和其他显示装置用符号 第2部分:农用拖拉机和机械用符号(GB/T 4269.2—2000,idt ISO 3767—2:1991)

GB 10396 农林拖拉机和机械、草坪和园艺动力机械 安全标志和危险图形 总则(GB 10396—2006,ISO 11684:1995,MOD)

3 技术要求

3.1 一般要求

3.1.1 拖拉机安全标志、操纵符号的材料推荐采用耐候性PVC薄膜,其性能应符合相关标准的规定。拖拉机安全标志、操纵符号的表面应耐磨、鲜明、不褪色,文字和图形应清晰。

3.1.2 拖拉机安全标志、操纵符号应粘贴在相应的有效区域内,其粘贴位置应最大程度地防止其损坏和磨损,如摩擦、热、燃油、液压油的污染等。粘接耐久性,在正常使用情况下应能保持5年~7年。

3.1.3 拖拉机安全标志、操纵符号在使用过程中应保持清洁,随时去灰尘及油污(只能用水或蘸水的湿布擦拭)。在使用和维修期间,如有损坏、丢失或模糊不清和更换新零件时,应及时与制造商联系更换。禁止在拖拉机安全标志、操纵符号上直接施高压或高温。

3.2 安全标志

3.2.1 拖拉机安全标志推荐采用两种标准形式:

——图形带和文字带组成的两带式安全标志(图1);

——两个图形带组成的两带式安全标志(图2)。

3.2.2 拖拉机安全标志的图形带、文字带、尺寸及颜色应符合GB 10396的规定。安全标志的形式有两种排列方式:竖排列和横排列。应根据下列情况最终选择拖拉机安全标志的形式,其尺寸大小按比例缩放。

    a) 能否最有效地传递信息;

    b) 产品将被销往的地区和使用的语言信息;

    c) 法规要求和安全标志可利用的空间。

3.2.3 手扶拖拉机选用的安全标志见表1,轮式和履带拖拉机选用的安全标志见表2。

NY/T 1769—2009

3.2.4　拖拉机安全标志的应用位置、危险等级及传递信息应符合表1、表2的规定。

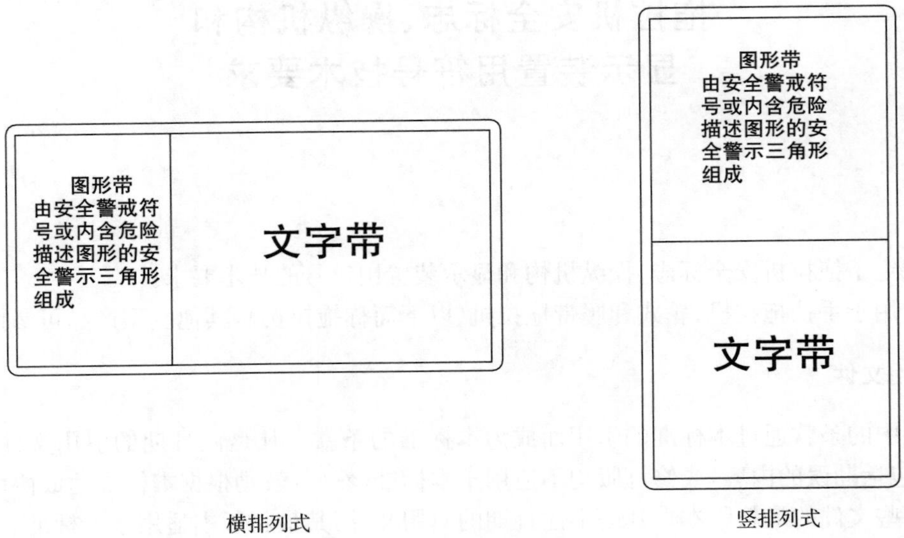

图形带
由安全警戒符
号或内含危险
描述图形的安
全警示三角形
组成

文字带

横排列式

图形带
由安全警戒
号或内含危险
描述图形的安
全警示三角形
组成

文字带

竖排列式

图 1　图形带和文字带组成的两带式安全标志

图形带
由安全警戒符
号或内含危险
描述图形的安
全警示三角形
组成

避免危险
图形带

横排列式

图形带
由安全警戒
号或内含危险
描述图形的安
全警示三角形
组成

避免危险
图形带

竖排列式

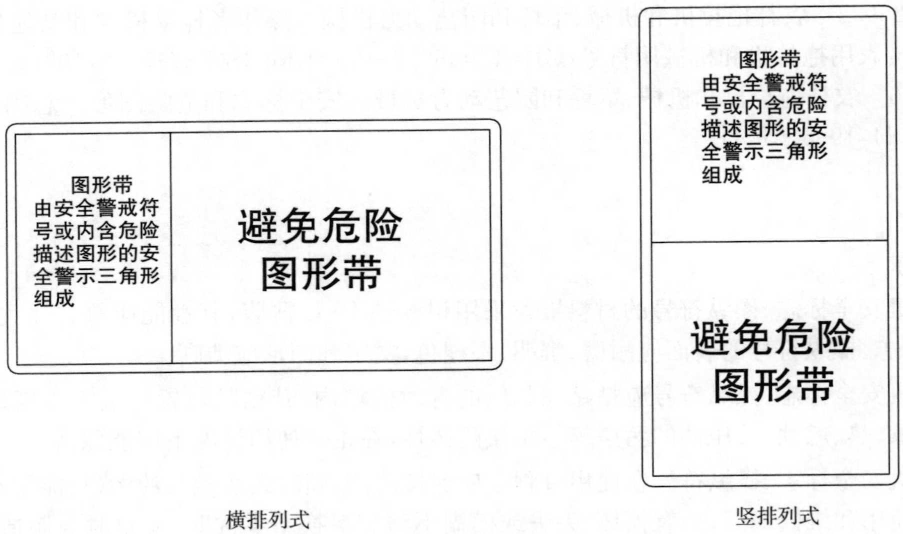

图 2　两个图形带组成的两带式安全标志

3.3　操纵机构及显示装置用符号

3.3.1　拖拉机操纵机构及显示装置使用的符号按表3的规定。

3.3.2　拖拉机操纵机构及显示装置符号分:驾驶员操纵符号、作用符号和信息符号。其含义、图形、颜色及应用位置应符合表3的规定。

表 1　手扶拖拉机安全标志

危险等级	应用位置	传递信息	安全标志图形
注意	驾驶员操纵附近	1. 使用前应阅读使用说明书； 2. 发动机启动前，应保证变速杆在空挡位置，旋耕机置于分离状态； 3. 发动机工作时勿靠近风扇、水箱； 4. 拖拉机单机行驶速度不得高于 8 km/h； 5. 禁止下坡空挡滑行； 6. 下坡转向时转向手柄应反向操作； 7. 拖拉机起步时，不得捏住转向手柄	⚠ 文字带　　⚠ 文字带
警告	停车制动手柄处	防止拖拉机随坡下滑造成人身伤亡和财产损失： 1. 拖拉机停车时必须操纵该装置，使其处于制动状态； 2. 拖拉机在坡地停车时，应挂上挡（上坡位置挂前进挡，下坡位置挂倒挡）	⚠ 文字带
警告	农机具（旋耕机、犁）附近	防止农机具和误操作造成人身伤亡和财产损失： 1. 农机具（旋耕机、犁）工作时应远离； 2. 带旋耕机作业时，禁止挂倒挡，禁止身体靠近刀部； 3. 拖拉机停机时应将旋耕机分离	⚠ 文字带
注意	外露旋转部位	严禁用手或其他物件接触旋转部件	（图形）
注意	排气管附近 水箱口附近	发动机工作时，请远离，以免烫伤	（图形）

NY/T 1769—2009

表 2　轮式和履带拖拉机安全标志

危险等级	粘贴位置	传递信息	安全标志图形
警告	拖拉机两侧的挡泥板上	禁止乘坐在拖拉机非乘员位置上	
注意	驾驶员操纵附近	1. 使用前应阅读使用说明书； 2. 发动机启动前，应保证变速杆在空挡位置，动力输出置于分离状态，液压手柄置于中立位置或下降位置； 3. 发动机工作时勿靠近风扇、水箱，等水箱冷却后方可开启水箱盖，以免烫伤； 4. 发动机熄火后，应取下点火开关钥匙； 5. 拖拉机因故障停车时，应开启危险警示装置，要在车后放置警告装置； 6. 禁止下坡空挡滑行； 7. 定期检查各系统液面高度，以避免因润滑油液面低于油尺下限而造成传动系或发动机损坏	文字带 文字带
警告	停车制动手柄处	防止拖拉机随坡下滑造成人身伤亡和财产损失： 1. 拖拉机停车时使其处于制动状态； 2. 拖拉机在坡地停车时，应挂挡（上坡位置挂前进挡，下坡位置挂倒挡）	文字带
警告	后悬挂附近	防止农机具和误操作造成人身伤亡和财产损失： 1. 拖拉机工作时应远离； 2. 动力输出轴挂接农机具时应停机操作	
注意	动力输出轴附近	1. 拖拉机工作时动力输出轴防护罩上不允许站人； 2. 发动机标定转速时动力输出轴转速（　　）r/min	文字带

表2（续）

危险 等级	粘贴 位置	传递信息	安全标志图形
注意	外露旋转 部位	严禁用手或其他物件接触旋转部件	
注意	排气管 附近	发动机工作时，请远离，以免烫伤	

NY/T 1769—2009

表3　拖拉机操纵、作用和信息符号

操纵符号					
应用位置	含义	符号图形	应用位置	含义	符号图形
动力输出轴操纵处	接合		变速挡位牌处	高挡	**H**
				中挡	**M**
	分离			低挡	**L**
				前进挡	**F**
手油门手柄操纵处	高			倒退挡	**R**
				空挡	**N**
	低			1挡	**1**（可以使用其他数字表示）
				倒1挡	**R1**（可以使用其他数字表示）
四轮驱动前驱动桥操纵手柄处	接合			停车	**P**
	分离		液压提升手柄处	升	
液压输出操纵手柄处	伸展			降	
	收缩		手制动操纵手柄处	制动	
	浮动			回位	

表 3（续）

作用符号					
应用位置	含义	图形	应用位置	含义	图形
燃油表	燃油		电器开关	前照灯开关（远光）	
冷却温度表	发动机冷却液温度			前照灯开关（近光）	
转速表的动力输出轴标准转速位置处	动力输出轴标准转速			警示灯开关	
转速表	发动机转速			示廓灯（定位灯）	
差速锁操纵位置处	差速锁接合			转向灯开关	
	差速锁分离			工作灯开关	
电器开关	灯光总开关			风扇	
	前挡风窗玻璃刮水器开关			空调开关	
	喇叭开关			顶棚灯开关	

NY/T 1769—2009

表3（续）

信息符号						
应用位置	含义	符号	应用位置	含义	符号
仪表盘	气压报警指示		仪表盘	蓄电池充电指示	
	远光灯指示			空滤器报警指示	
	传动箱机油滤清报警指示			发动机机油压力报警指示	
	驻车制动指示			转向指示	
注：符号的尺寸及颜色按 GB/T 4269.1 和 GB/T 4269.2 的规定执行。					

ICS 65.060.01
B 90

中华人民共和国农业行业标准

NY/T 2083—2011

农业机械事故现场图形符号

Graphical symbols of aricultural machinery accident on site

2011-09-01 发布

2011-12-01 实施

中华人民共和国农业部 发布

NY/T 2083—2011

目 次

前　言

本标准按照 GB/T 1.1—2009 给出的规则起草。

本标准由农业部农业机械化管理司提出。

本标准由全国农业机械标准化技术委员会农业机械化分技术委员会(SAC/TC201/SC2)归口。

本标准起草单位:农业部农机监理总站、江苏省农机安全监理所、盐城市农机安全稽查支队。

本标准主要起草人:涂志强、白艳、王聪玲、陆立国、陆立中、胡东。

NY/T 2083—2011

农业机械事故现场图形符号

1 范围

本标准规定了农业机械事故(以下简称农机事故)现场图形符号。

本标准适用于农机事故现场图绘制。

2 术语和定义

下列术语和定义适用于本文件。

2.1

农机事故 agricultural machinery accident

农业机械在作业或者转移等过程中造成人身伤亡、财产损失的事件。

2.2

农机事故现场 agricultural machinery accident on site

发生农机事故的地点及相关的空间范围。

2.3

农机事故现场记录图 rough drawing for agricultural machinery accident on site

农机事故现场勘查时,按标准图形符号绘制的记录农机事故现场情况的图形记录。

2.4

农机事故现场平面图 ichnography for agricultural machinery accident on site

按标准图形符号、比例绘制的农机事故现场情况的平面图形记录。

3 农业机械及交通元素图形符号

3.1 拖拉机及挂车图形符号

拖拉机挂及车图形符号见表1。

表 1 拖拉机及挂车图形符号

序号	名 称	图形符号	说 明
1	轮式拖拉机平面		
2	轮式拖拉机侧面		
3	轮式拖拉机运输机组平面		挂车根据实际情况绘制,分为单轴和双轴
4	轮式拖拉机运输机组侧面		挂车根据实际情况绘制,分为单轴和双轴
5	手扶拖拉机平面		

表1（续）

序号	名　称	图形符号	说　明
6	手扶拖拉机侧面		
7	手扶拖拉机运输机组平面		
8	手扶拖拉机运输机组侧面		
9	手扶变型运输机平面		
10	手扶变型运输机侧面		
11	单轴挂车平面		
12	单轴挂车侧面		
13	双轴挂车平面		
14	双轴挂车侧面		
15	履带拖拉机平面		
16	履带拖拉机侧面		

3.2 联合收割机图形符号

联合收割机图形符号见表2。

表2 联合收割机图形符号

序号	名　称	图形符号	说　明
1	轮式联合收割机平面		
2	轮式联合收割机侧面		
3	履带式联合收割机平面		
4	履带式联合收割机侧面		

NY/T 2083—2011

3.3 其他自走式农业机械图形符号

其他自走式农业机械图形符号见表3。

表3 其他自走式农业机械图形符号

序号	名　称	图形符号	说　明
1	手扶式插秧机		
2	乘坐式插秧机		
3	割晒机		
4	其他自走式农业机械		具体机型可用文字说明

3.4 悬挂、牵引式农业机具图形符号

悬挂、牵引式农业机具图形符号见表4。

表4 悬挂、牵引式农业机具图形符号

序号	名　称	图形符号	说　明
1	旋耕机		
2	犁		
3	耙		
4	播种机		
5	中耕机		
6	喷雾(粉)机		

表4（续）

序号	名　　称	图形符号	说　　明
7	开沟机		
8	挖坑机		
9	起刨机		
10	秸秆还田粉碎机		
11	其他悬挂、牵引式农业机具		具体机具可用文字说明

3.5　固定式农业机械图形符号

固定式农业机械图形符号见表5。

表5　固定式农业机械图形符号

序号	名　　称	图形符号	说　　明
1	电动机		
2	柴(汽)油机		
3	机动脱粒机		包括脱粒机、清选机、扬场机等
4	机动植保机		
5	粉碎机		
6	铡草机		

NY/T 2083—2011

表5（续）

序号	名　　称	图形符号	说　　明
7	排灌机械		
8	其他固定式农业机械		具体机型可用文字说明

3.6　车辆图形符号

车辆图形符号见表6。

表6　车辆图形符号

序号	名　　称	图形符号	说　　明
1	货车平面		包括重型货车、中型货车、轻型货车、低速载货、专项作业车
2	货车侧面		按车头外形选择（平头货车）
3	货车侧面		按车头外形选择（长头货车）
4	正三轮机动车平面		包括三轮汽车和三轮、摩托车
5	正三轮机动车侧面		
6	侧三轮摩托车平面		
7	普通二轮摩托车		包括轻便摩托车、电动车等
8	自行车		
9	三轮车		
10	人力车		
11	畜力车		

3.7 人体图形符号

人体图形符号见表7。

表7 人体图形符号

序号	名　称	图形符号	说　明
1	人体		
2	伤体		
3	尸体		

3.8 牲畜图形符号

牲畜图形符号见图8。

表8 牲畜图形符号

序号	名　称	图形符号	说　明
1	牲畜		
2	伤畜		
3	死畜		

4 农田场院图形符号

4.1 农田场院类型图形符号

农田场院类型图形符号见表9。

表9 农田场院类型图形符号

序号	名　称	图形符号	说　明
1	旱地		
2	水田		

NY/T 2083—2011

表9（续）

序号	名　称	图形符号	说　明
3	坡地		
4	场院		具体类型可用文字说明

4.2　农田场院地表状态图形符号

农田场院地表状态图形符号见表10。

表10　农田场院地表状态图形符号

序号	名　称	图形符号	说　明
1	农村道路		路面类型、路面情况用文字说明，上坡标注 $i\nearrow$，下坡标注 $i\searrow$，i 为坡度
2	机耕道路		路面类型、路面情况用文字说明，上坡标注 $i\nearrow$，下坡标注 $i\searrow$，i 为坡度
3	路肩		
4	涵洞		
5	隧道		
6	农村道路平交口		
7	施工路段		
8	桥		
9	漫水桥		

表 10（续）

序号	名　称	图形符号	说　明
10	地面凸出部分		也可表示山冈、丘陵和土包
11	地面凹坑		也可表示凹地、土坑
12	地面积水		
13	池塘		也可表示沼泽
14	水沟		也可表示其他水沟、水渠
15	干涸水沟		也可表示其他干涸水沟、水渠
16	田埂		
17	垄沟		
18	垄台		
19	粪坑		含沼气池等
20	山丘		
21	突台		含地边缘突台
22	其他农田（场院）地表状态		具体地表状态可用文字说明

NY/T 2083—2011

4.3 农田场院植被和地物图形符号

农田场院植被和地物图形符号见表11。

表 11　农田场院植被和地物图形符号

序号	名　称	图形符号	说　明
1	农作物平面		具体农作物可用文字说明
2	农作物侧面		具体农作物可用文字说明
3	树木平面		
4	树木侧面		
5	树林平面		
6	机井平面		含水井等
7	机井侧面		含水井等
8	电杆平面		含电话线杆
9	电杆侧面		含电话线杆
10	变压器平面		
11	变压器侧面		

表 11（续）

序号	名　　称	图形符号	说　　明
12	秸秆、粮食、碎石、沙土等堆积物		外形根据现场实际情况绘制
13	大石头		
14	大棚		
15	建筑物		
16	围墙及大门		
17	管道		
18	其他农田、场院中地物		具体地物以名称表示

5　动态痕迹图形符号

动态痕迹图形符号见表12。

表 12　动态痕迹图形符号

序号	名　　称	图形符号	说　　明
1	轮胎滚印		
2	轮胎拖印	L	L为拖印长,双胎则为:
3	轮胎压印		
4	轮胎侧滑印		

NY/T 2083—2011

表 12（续）

序号	名　称	图形符号	说　明
5	履带压印	⁞⁞⁞⁞⁞⁞⁞⁞ ⁞⁞⁞⁞⁞⁞⁞⁞	
6	挫划印		
7	非机动车压印		
8	血迹	血	
9	其他洒落物		画出范围图形，填写名称

6 农机事故现象图形符号

农机事故现象图形符号见表13。

表 13 农机事故现象图形符号

序号	名　称	图形符号	说　明
1	接触点		
2	农业机械行驶方向		
3	其他机动车行驶方向		
4	非机动车行驶方向		
5	人员运动方向		
6	牲畜运动方向		

7 其他

其他图形符号见表14。

表 14 其他图形符号

序号	名 称	图形符号	说 明
1	方向标		方向箭头指向北方
2	风向标	X	X 为风力级数
3	事故现场测绘基准点	0	
4	事故现场测绘辅助基准点	$0_{1...N}$	N 表示辅助基准点编号

8 使用说明

8.1 本标准中各类图形符号可以单独使用或组合使用。

8.2 绘制图形符号时,应当按本标准中图形符号的各部位近似比例绘制,避免图形符号失真。

8.3 使用中,应根据实际情况调整图形符号的角度、方向。

8.4 需表现农业机械仰翻情形时,可将平面图形中的两侧轮胎连接作为车轴后,即为农业机械仰翻后的底面图形;非轮式行走系或固定作业的农业机械,根据实际情况绘制底面图形。

8.5 图形符号无法表示的,根据实际情况绘制,并用文字简要说明。

ICS 65.060.01
B 90

中华人民共和国农业行业标准

NY/T 2612—2014

农业机械机身反光标识

Safe retro-reflective markings for agricultural machinery

2014-10-17 发布　　　　　　　　　　　　2015-01-01 实施

中华人民共和国农业部 发布

NY/T 2612—2014

前　言

本标准按照 GB/T 1.1—2009 给出的规则起草。

本标准由农业部农业机械化管理司提出。

本标准由全国农业机械标准化技术委员会农业机械化分技术委员会(SAC/TC 201/SC 2)归口。

本标准起草单位：农业部农机监理总站、浙江省农业机械管理局、江苏省农业机械安全监理所、浙江道明光学股份有限公司、常州华日升反光材料有限公司。

本标准主要起草人：白艳、涂志强、姚海、王聪玲、苗承舟、陆立国、陆亚建、王宏、薄博。

农业机械机身反光标识

1 范围

本标准规定了农业机械机身反光标识(以下简称机身反光标识)的术语和定义、材料性能要求、试验方法、检验规则、包装及标志、粘贴要求。

本标准适用于拖拉机、拖拉机运输机组、挂车及联合收割机。

2 规范性引用文件

下列文件对于本文件的应用是必不可少的。凡是注日期的引用文件,仅注日期的版本适用于本文件。凡是不注日期的引用文件,其最新版本(包括所有的修改单)适用于本文件。

GB/T 2423.17 电工电子产品环境试验 第2部分:试验方法 试验 Ka:盐雾

GB/T 3681 塑料自然日光气候老化、玻璃过滤后日光气候老化和菲涅耳镜加速日光气候老化的暴露试验方法

GB/T 3978 标准照明体和几何条件

GB/T 3979 物体色的测量方法

GB/T 18833—2002 公路交通标志反光膜

GB 23254—2009 货车及挂车 车身反光标识

3 术语和定义

下列术语和定义适用于本文件。

3.1

机身反光标识 retro-reflective markings of machinery
为增强农业机械的可识别性而粘贴在机身表面的反光材料的组合。

3.2

亮度因子 luminance factor
在相同的照明和观察条件下,样品的亮度与理想漫射体的亮度之比。

4 材料、形状和外观

4.1 反光标识选用密封胶囊型国标二级反光膜。

4.2 反光标识由黄色、白色单元相间的条状反光膜组成,单元长度分别为 150 mm,宽度为 50 mm。机身反光标识式样见图 1。

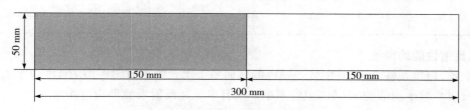

图 1 机身反光标识式样

4.3 白色单元上应有层间印刷的制造商标识、农机安全监理行业标识,标识应易于识别和保存。采用

NY/T 2612—2014

印刷方式加施的标识应在反光面的次表面。

4.4 反光标识表面应平滑、光洁,无明显的划痕、气泡、裂纹、颜色不均匀等缺陷或损伤。

4.5 性能

4.5.1 色度性能

黄色、白色反光膜的色品坐标和亮度因子应在表1规定的范围内,色品图见图2。

表1 反光膜颜色各角点的色品坐标及亮度因子(D$_{65}$光源)

颜色	色 品 坐 标								亮度因子 Y
	①		②		③		④		
	x	y	x	y	x	y	x	y	
白色	0.350	0.360	0.300	0.310	0.285	0.325	0.335	0.375	≥0.27
黄色	0.545	0.454	0.464	0.534	0.427	0.483	0.487	0.423	0.16~0.40

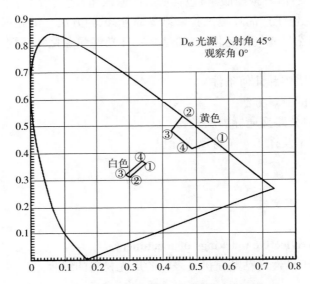

图2 反光膜颜色色品图(D$_{65}$光源)

4.5.2 反光性能

4.5.2.1 逆反射系数 R'

反光膜(0°和90°方向)的逆反射系数 R' 应不低于表2规定的值。

表2 反光膜的最小逆反射系数[cd/(lx·m²)]

观察角		0.2°		0.5°	
颜色		白色	黄色	白色	黄色
入射角	−4°	250	170	65	45
	30°	250	100	65	45
	45°	60	40	15	12

4.5.2.2 逆反射性能均匀性

任意选取黄、白单元各5个,其中同一颜色的任何一个单元的逆反射系数 R',既应不大于同一颜色所有单元逆反射系数平均值的120%,也应不小于所有单元逆反射系数平均值的80%。

4.5.2.3 湿状态下的逆反射

在观察角为12′、入射角为−4°条件下,湿状态下反光膜的逆反射系数 R' 应不小于表2规定值的80%。

4.5.3 耐候性能

按照 GB 23254—2009 中 4.1.3.5 规定的要求执行。

4.5.4 附着性能

按照 GB 23254—2009 中 4.1.3.6 规定的要求执行。

4.5.5 耐盐雾腐蚀性能

按照 GB 23254—2009 中 4.1.3.7 规定的要求执行。

4.5.6 抗溶剂性能

按照 GB 23254—2009 中 4.1.3.8 规定的要求执行。

4.5.7 抗冲击性能

按照 GB 23254—2009 中 4.1.3.9 规定的要求执行。

4.5.8 耐温性能

按照 GB 23254—2009 中 4.1.3.10 规定的要求执行。

4.5.9 耐弯曲性能

按照 GB 23254—2009 中 4.1.3.11 规定的要求执行。

4.5.10 耐水性能

按照 GB 23254—2009 中 4.1.3.12 规定的要求执行。

4.5.11 耐冲洗性能

按照 GB 23254—2009 中 4.1.3.13 规定的要求执行。

5 试验方法

5.1 测试准备

5.1.1 反光膜的测试样品按下述方法制作:撕去反光膜的防粘纸,粘贴在同样尺寸的底板上,压实后即为测试样品。底板为铝合金板,厚度为 2 mm,铝合金板表面应经酸脱脂处理。一般情况下,裁取 50 mm ×150 mm 的反光膜制作样品,特殊尺寸要求见具体的试验项目。

5.1.2 测试样品在试验前,应在温度(23±5)℃、相对湿度不大于 75% 的环境中放置 24 h。

5.1.3 除非特别指明,一般的试验应在温度(23±5)℃、相对湿度不大于 75% 的环境中进行。

5.2 外观检查

在照度大于 150 lx 的环境中,距离测试样品表面 0.3 m～0.5 m 处,面对测试样品,目测样品。

5.3 尺寸测量

用精度为 1 mm 的长度测量器具测量机身反光标识的长度和宽度。

5.4 色度性能测试

采用 GB/T 3978 规定的标准照明 D_{65} 光源(色温 6 500 K)照射时,在 45°/0°或 0°/45°几何条件下,按 GB/T 3979 规定的方法,测得黄、白 2 种颜色的色品坐标和亮度因子。

5.5 反光性能测试

5.5.1 测试原理和装置

测试原理和装置见 GB/T 18833—2002 中图 1 所示,其中:

a) 光源采用 GB/T 3978 规定的标准 A 光源,试样整个受照区域的垂直照度的不均匀性不应大于 5%;

b) 光探测器是经光谱光视效率曲线校正的照度计;

c) 光探测器应能移动,以保证观察角在一定范围内变化。

5.5.2 逆反射系数测试

NY/T 2612—2014

按表1规定的照明观测几何条件和 GB/T 18833—2002 中 7.4.1 规定的方法测量反光膜 0°和 90°方向的逆反射系数 R'。每个颜色单元均匀选取至少 5 个测量区域或测量点,其平均值即为该颜色单元 0°或 90°方向的逆反射系数值 R'。

5.5.3 逆反射均匀性测试

按前述方法,在观察角为 12′、入射角为 -4°条件下,测试 5 个黄、白单元的逆反射系数 R',计算同一颜色的所有单元的逆反射系数平均值。

5.5.4 湿状态下逆反射测试

按 GB/T 18833—2002 中 7.4.2 规定的装置和方法进行测试。

5.6 耐候性能试验

5.6.1 自然暴露试验

5.6.1.1 按 GB/T 3681 的规定,把黄色、白色单元各 2 块测试样品安装在至少高于地面 1 m 的暴晒架上,测试样品面朝正南方,与水平面的夹角为 45°。测试样品表面不应被其他物体遮挡阳光,不应积水,暴露地点的选择尽可能近似实际使用环境或代表某一气候类型最严酷的地方。

5.6.1.2 自然暴露试验的时间为 2 年。测试样品开始暴晒后,每个月做一次表面检查,一年后每 3 个月检查一次,直至最后。自然暴露试验结束后,检查表面状况并记录试验结果。

5.6.2 人工气候加速老化试验

5.6.2.1 将黄色、白色单元各 2 块测试样品放入老化箱内,老化箱采用氙灯作为光源,测试样品正面受到波长为 300 nm~800 nm 光线的辐射,其辐射强度为 $(1\ 000 \pm 50)$ W/m²,光波波长低于 300 nm 光线的辐射强度不应大于 1 W/m²。整个测试样品面积内,辐射强度的偏差不应大于 10%。在试验过程中,采用连续光照,黑板温度为 (63 ± 3)℃,相对湿度为 50%±5%,喷水周期为 18 min/102 min(喷水时间/不喷水时间)。人工气候加速老化试验的时间为 1 200 h。

5.6.2.2 人工气候加速老化试验结束后,用浓度为 5%的盐酸溶液清洗样品表面 45 s,然后用清水彻底冲洗,接着用干净软布擦干,在温度 (20 ± 5)℃、相对湿度不大于 65%的环境中放置 24 h 后,再进行检查表面状况并记录试验结果。

5.7 附着性能试验

5.7.1 试验用样品

将黄色、白色单元的反光膜各裁取 50 mm×150 mm,撕去 100 mm 长的防粘纸,粘贴在符合本标准 5.1 要求的底板上。按 5.1 要求处置后进行试验。

5.7.2 试验方法

在拉伸试验机上固定好测试样品,用拉伸试验机的夹头夹住未撕去防粘纸部分的反光膜,使之与底板成 180°。在试样宽度上负荷应均匀分布,然后在 300 mm/min 的速率下测量反光膜背胶的剥离强度。

5.8 盐雾腐蚀试验

5.8.1 试验用样品

5.8.1.1 按本标准 5.1 要求,黄色、白色单元各制作 2 块样板。

5.8.1.2 另外裁取黄色、白色单元的反光膜各 50 mm×150 mm,撕去 100 mm 长的防粘纸,粘贴在符合本标准 5.1 要求的底板上。

5.8.2 试验要求

按 GB/T 2423.17 的要求,把化学纯的氯化钠溶于蒸馏水,配置成质量百分比 5%±0.1%的氯化钠溶液,pH 在 6.5~7.2 之间 (35 ± 2)℃,使该溶液在盐雾箱内连续雾化,盐雾沉降量为 $(1.0～2.0)$ mL/(h·80 cm²),箱内温度保持 (35 ± 2)℃。将测试样品放入盐雾箱内,其受试面与垂直方向成 30°角,相邻两样品保持一定的间隙,行间距不小于 10 cm,测试样品在盐雾空间连续暴露,应经历

10 个循环试验,每个循环连续喷雾 23 h,干燥 1 h。试验应在干燥阶段结束。试验结束后,用流动水轻轻洗掉样品表面的盐沉积物,再用蒸馏水漂洗,洗涤水温不应超过 35℃,然后置于室温下恢复 2 h,检查并记录试验结果。

5.9 抗溶剂性能试验

将测试样板分别浸没在 93 号无铅汽油、0 号柴油和发动机润滑油中,15 min 后取出、擦干。在室温下恢复 2 h 后,检查表面状况并记录试验结果。

5.10 抗冲击性能试验

将黄色、白色单元各 1 块测试样品的正面朝上,水平放置在厚度为 20 mm 的钢板上,在样品上方 2 m 处,用一个质量为 0.25 kg 的实心钢球自由落下,撞击测试样品的中心部位,检查表面状况并记录试验结果。

5.11 耐温性能试验

将黄色、白色单元各 1 块测试样品放入(70±2)℃环境中 24 h。然后取出样品在(20±5)℃条件下恢复 2 h,接着将测试样品放入(-40±3)℃的环境中 24 h。取出样品,在(20±5)℃条件下恢复 2 h,检查表面状况并记录试验结果。

5.12 弯曲性能试验

黄色、白色单元的反光膜各裁取 25 mm×150 mm,撕去防粘纸,在背胶表面撒上足够的滑石粉,将样品成 90°围绕在一直径为 3.2 mm 的圆棒上,使样品的背胶与圆棒外表面接触,放开样品,检查表面状况并记录试验结果。

5.13 耐水性能试验

将黄色、白色单元各 1 块测试样品浸入(50±5)℃的水中 24 h,其反光表面上部的最高点应在水面下 20 mm 处,然后将测试样品反转 180°,再浸 24 h,取出,检查表面状况并记录试验结果。

5.14 耐冲洗性能试验

将 50 mm×1 000 mm 的黄、白相间的反光膜粘贴在钢板油漆表面中间位置,钢板尺寸为 1 200 mm ×500 mm×2 mm,钢板上漆膜厚度为 45 μm～55 μm。在 5.1 规定的环境中放置 24 h 后进行试验。

用高压水枪从任意角度冲洗样品,水枪喷水压力为 5 MPa,喷水距离为 1 m,喷水时间 10 min。试验后检查样品。

6 检验规则

6.1 型式检验

6.1.1 型式检验的条件

型式检验在以下几种情况下进行:
—— 产品新设计试生产;
—— 转产或转厂;
—— 停产后复产;
—— 结构、材料或工艺有重大改变;
—— 正常生产后每隔 2 年;
—— 合同规定等。

6.1.2 样品要求

选取同一型式的 50 mm×5 000 mm 的反光膜作为样品,样品应包含黄色和白色单元。

6.1.3 检验项目、方法和要求

型式检验的项目、试验方法、要求、样品编号和分布见表 3。检验结果均应符合本标准第 4 章的相应要求。

NY/T 2612—2014

表3 反光膜型式检验项目、要求和方法

序号	检验项目		要求条款	试验方法条款	样品编号
1	外观检测		4.2～4.4	5.2	#1～#13
2	尺寸测量		4.2	5.3	#1
3	色度性能测试		4.5.1	5.4	#1
4	反光性能测试	逆反射系数	4.5.2.1	5.5	#1
		逆反射均匀性	4.5.2.2		#1～#5
		湿状态逆反射	4.5.2.3		#1
5	人工气候加速老化试验		4.5.3	5.6	#1、#2
6	附着性试验		4.5.4	5.7	#3
7	盐雾腐蚀试验		4.5.5	5.8	#4、#5
8	抗溶剂试验		4.5.6	5.9	#6、#7、#8
9	冲击试验		4.5.7	5.10	#9
10	耐温试验		4.5.8	5.11	#10
11	弯曲试验		4.5.9	5.12	#11
12	水浸试验		4.5.10	5.13	#12
13	耐冲洗性能试验		4.5.11	5.14	#13
注:每个编号的样品均包括黄色和白色单元。					

6.2 生产一致性检验

对已经型式检验合格的产品,以批量产品中随机抽取的样品来判定其生产的一致性。样品的材料、结构和尺寸应符合申请检验提供的图纸的规定。

应至少在 50 mm×10 000 mm(应包含黄色和白色单元)的反光膜中随机抽取不少于 50 mm×5 000 mm(应包含黄色和白色单元)的样品。生产一致性检验的项目至少包括外观、色度、反光性能、附着性能、抗溶剂性能、耐温性能等,每 4 年应检验 1 次耐候性能。检验结果应符合本标准第 4 章的相应要求。

7 包装及标志

按照 GB 23254—2009 中第 7 章规定的要求执行。

8 粘贴要求

8.1 通用要求

8.1.1 机身反光标识应粘贴在无遮挡且易见的机身后部、侧面外表面。

8.1.2 粘贴的反光标识应由白色单元开始,白色单元结束。

8.1.3 粘贴时,反光标识单元组(每单元组应包含黄、白 2 种颜色,以下相同)的间隔不应大于 150 mm。

8.1.4 粘贴机身反光标识后,不应影响农业机械其他照明及信号装置的性能。

8.1.5 粘贴机身反光标识后,不得在机身反光标识上钻孔、开槽。

8.1.6 粘贴机身反光标识时,如果不能连续粘贴,可以中断粘贴,但每一连续段应至少一个单元组。

8.2 粘贴条件

8.2.1 机身反光标识均应粘贴在无遮挡、易见、平整、连续,且无灰尘、无水渍、无油渍、无锈迹、无漆层翘起的机身表面。

8.2.2 粘贴前应将待粘贴表面灰尘擦净。有油渍、污渍的部位,应用软布蘸脱脂类溶剂或清洗剂进行清除,干燥后进行粘贴。对于油漆已经松软、粉化、锈蚀或翘起的部位,应除去这部分油漆,用砂纸对该部位进行打磨并做防锈处理,然后再粘贴机身反光标识。

8.2.3 机身表面无法直接粘贴机身反光标识时(如表面锈蚀严重等),应先将机身反光标识粘贴在具有一定刚度、强度、抗老化的条形衬板上(如薄铝板或马口铁等),再将条形衬板牢固地铆接到机身上。

8.3　后部粘贴要求

8.3.1　机身后部粘贴机身反光标识时,在结构允许的条件下,应左右对称分布,并尽可能体现后部的宽度和高度。横向水平粘贴总长度(不含间隔部分)应不小于机身后部宽度的80%。高度上两边应各粘贴至少1个单元组机身反光标识。

8.3.2　机身后部机身反光标识的边缘与后部灯具边缘的距离应不小于50 mm。机身后部有反射器的,可不粘贴。

8.3.3　粘贴允许中断,但每一连续段长度不应小于300 mm,且为一个单元组。特殊情况下,允许白、黄单元分开粘贴,但应保持白、黄相间,每一连续段长度不应小于150 mm。

8.4　侧面粘贴要求

8.4.1　机身侧面粘贴机身反光标识时,应尽可能连续粘贴并体现农业机械的侧面长度。当采用断续粘贴时,其总长度(不含间隔部分)不应小于机身长度的50%。

8.4.2　采用断续粘贴时,每一连续段长度不应小于300 mm,且为一个单元组。粘贴间隔不应大于150 mm,粘贴应尽可能纵向均匀分布。特殊情况下,允许白、黄单元分开粘贴,但应保持白、黄相间,每一连续段长度不应小于150 mm。

8.5　粘贴示例

农业机械机身反光标识粘贴示例参见附录 A。

NY/T 2612—2014

附 录 A
（资料性附录）
农业机械机身反光标识粘贴示例

A.1 拖拉机和拖拉机运输机组机身反光标识粘贴示例见图 A.1～图 A.7。

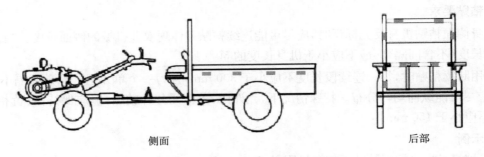

侧面　　　　　　　　　　　　　后部

图 A.1　手扶拖拉机运输机组

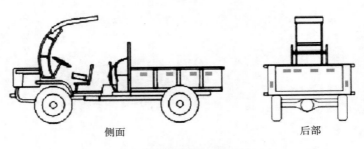

侧面　　　　　　　　　　　　　后部

图 A.2　手扶变型运输机

侧面　　　　　　　　　　　　　后部

图 A.3　轮式拖拉机（带驾驶室）

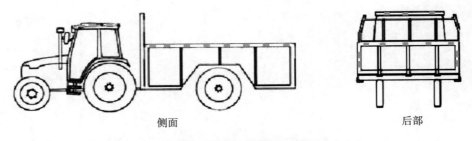

侧面　　　　　　　　　　　　　后部

图 A.4　轮式拖拉机运输机组（带驾驶室）

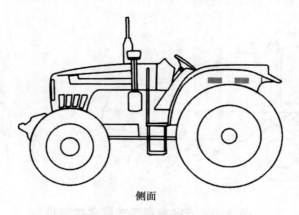

侧面

图 A.5　轮式拖拉机(不带驾驶室)

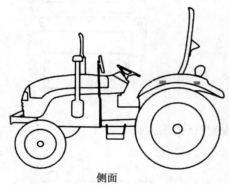

侧面

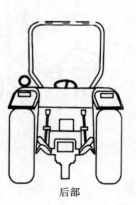

后部

图 A.6　轮式拖拉机(带安全框架)

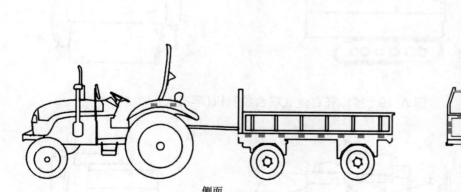

侧面

后部

图 A.7　轮式拖拉机运输机组(带安全框架)

NY/T 2612—2014

A.2 联合收割机机身反光标识粘贴示例见图 A.8～图 A.12。

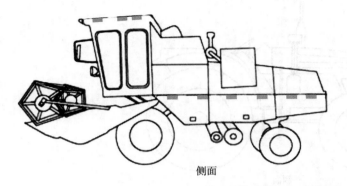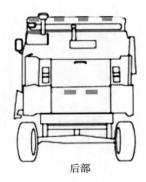

側面   后部

图 A.8 方向盘自走式联合收割机

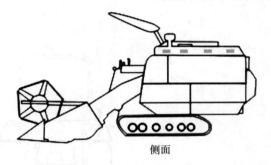

側面   后部

图 A.9 操纵杆自走式联合收割机(全喂入)

側面   后部

图 A.10 操纵杆自走式联合收割机(半喂入)

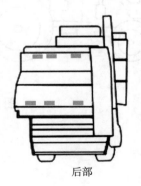

側面   后部

图 A.11 悬挂式联合收割机

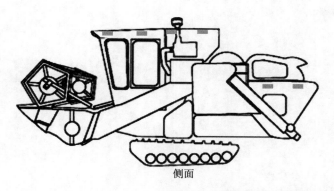

侧面

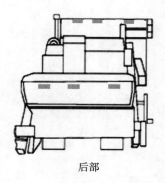

后部

图 A. 12 履带式全喂入联合收割机

ICS 65.060.10
T 60

中华人民共和国农业行业标准

NY/T 345.1—2005
代替 345—1999

拖拉机号牌

Tractor number plate

2005-01-17 发布
2005-01-17 实施

中华人民共和国农业部 发布

NY/T 345.1—2005

前　言

本标准为系列标准。

本标准的全部技术内容为强制性。

本标准是依据《中华人民共和国道路交通安全法》以及《中华人民共和国道路交通安全法实施条例》对 NY 345—1999《农业机械号牌》的修订。

本标准发布后，原 NY 345—1999《农业机械号牌》废止。

本标准与原标准相比：

——增加了发牌机关代号的要求；

——修改了拖拉机号牌式样；

——删除了联合收割机号牌、农用运输车号牌等内容；

——主要规定了拖拉机号牌分类、式样、编号规则、号牌字样、技术要求、质量检验、包装、运输及安装等方面的要求。

本标准由中华人民共和国农业部农业机械化管理司提出。

本标准由全国农业机械标准化技术委员会农业机械化分技术委员会归口。

本标准起草单位：农业部农机监理总站、河南省农业机械安全监理站、上海市农机安全监理所。

本标准主要起草人：丁翔文、吴晓玲、姚海、汤雪陈、范纪坤、姚春生。

拖 拉 机 号 牌

1 范围

本标准规定了拖拉机号牌的分类、式样、编号规则、号牌字样、技术要求、质量检验、包装、运输及安装等要求。

本标准适用于拖拉机号牌的制作、质量检验。

2 规范性引用文件

下列文件中的条款通过本标准的引用而成为本标准的条款。凡是注日期的引用文件,其随后所有的修改单(不包括勘误的内容)或修订版均不适用于本标准,然而,鼓励根据本标准达成协议的各方研究是否可使用这些文件的最新版本。凡是不注日期的引用文件,其最新版本适用于本标准。

GB/T 2260　中华人民共和国行政区划代码

GB/T 3181　漆膜颜色标准样本

GB/T 3880　铝合金轧质板材

GB 11253　碳素结构钢和低合金冷轧薄钢板

3 分类

分类方法见表1。

表 1　拖拉机号牌分类表

单位为毫米

序号	类　别	外廓尺寸 (长×宽)	颜　色	每副号 牌面数	使用范围
1	正式拖拉机号牌	300×165	绿底白字白框	2	正式登记注册后使用
2	教练拖拉机号牌	300×165	绿底白字白框	2	教练、教学、考试使用
3	临时行驶拖拉机号牌	300×165	白底黑字黑框	1	新机出厂转移、已注册机变更迁出收回号牌以及号牌遗失补办期间使用

4 式样

4.1 正式拖拉机号牌

正式拖拉机号牌由省、自治区、直辖市简称,发牌机关代号,注册编号三部分组成。式样、尺寸见图1。

4.2 教练拖拉机号牌

教练拖拉机号牌由省、自治区、直辖市简称,发牌机关代号,注册编号和"学"四部分组成。式样、尺寸见图2。

4.3 临时行驶拖拉机号牌

临时行驶拖拉机号牌由省、自治区、直辖市简称,发牌机关代号,注册编号和"临"四部分组成。背面应采用一号黑体制作:所有人、拖拉机机型、品牌型号、发动机号、机身(机架)号码、临时通行区间、有效期限、发牌机关印章、发牌日期字样。式样、尺寸见图3。

注册编号（笔画宽：10±1）

省、自治区、直辖市简称（笔画宽：4~6）　　发牌机关代号（笔画宽：4~6）

图 1　正式拖拉机号牌式样及尺寸（单位为毫米）

注册编号（笔画宽：10±1）

省、自治区、直辖市简称（笔画宽：4~6）　　发牌机关代号（笔画宽：4~6）

图 2　教练拖拉机号牌式样及尺寸（单位为毫米）

注册编号（笔画宽：10±1）　　　"临"字（笔画宽：8~10）

A　正面

省、自治区、直辖市简称（笔画宽：4~6）　　　发牌机关代号（笔画宽：4~6）

B　背面

图3　临时行驶拖拉机号牌式样及尺寸（单位为毫米）

5　编号规则

5.1　"省、自治区、直辖市简称"应符合 GB/T 2260 规定的汉字简称。

5.2　发牌机关代号由 2 位阿拉伯数字组成，为 GB/T 2260 第三、第四位代码。

5.3　正式拖拉机号牌的注册编号由 5 位阿拉伯数字或字母组成，如注册数量满额后可在第一位用英文

NY/T 345.1—2005

字母替代,其含义见表2。

表2 注册编号的字母表

字母	A	B	C	D	E	F	G	H	J	K	L	M
注册编号为5位数的数值,万	10	11	12	13	14	15	16	17	18	19	20	21
字母	N	P	Q	R	S	T	U	V	W	X	Y	Z
注册编号为5位数的数值,万	22	23	24	25	26	27	28	29	30	31	32	33

6 号牌字样

6.1 省、自治区、直辖市简称用汉字字样(高 45 mm、宽 45 mm)。

京津冀晋蒙辽吉黑沪
苏浙皖闽赣鲁豫鄂湘粤桂
琼渝川贵云藏陕甘青宁新

6.2 发牌机关代号用阿拉伯数字字样(高 45 mm、宽 30 mm)。

1234567890

6.3 注册编号用阿拉伯数字、字母及"学、临"汉字字样(高 90 mm、宽 45 mm)。

1234567890
ABCDEFGHJKLMNPQRST
UVWXYZ学临

6.4 号牌色彩

6.4.1 号牌颜色

底色为绿色（G03），框、字颜色为白色(Y11)。

6.4.2 号牌漆膜应符合 GB/T 3181 的规定。

7 技术要求

7.1 字体

号牌上的字体均为黑体，汉字均采用国务院公布的规范汉字。

7.2 材质及规格

7.2.1 正式拖拉机号牌、教练拖拉机号牌应采用钢板或铝板金属材料，材料应符合 GB 11253 或 GB/T 3880 的规定；表面应采用反光材料。

7.2.2 钢板厚度为 0.8 mm～1.2 mm；铝板厚度为 1.0 mm～2.0 mm。

7.2.3 临时行驶拖拉机号牌采用 80 g～100 g 压敏胶纸。

7.3 金属号牌制作质量

7.3.1 号牌四周应有凸起值 1 mm～1.3 mm 的加强筋，字符应凸出牌面 1 mm 以上，且与加强筋高度相同。

7.3.2 各部尺寸误差应≤±1 mm。

7.3.3 号牌表面应清晰、整齐、着色均匀，不应有皱纹、气泡、颗粒杂质及厚薄不等现象。外缘应光滑无毛刺。

7.3.4 表面涂料应与基材附着牢固。

7.3.5 在－40℃～60℃的温度中不变形、无裂纹、不脱皮和褪色等。

7.3.6 应防腐蚀和防水。

7.3.7 在受到外力冲击弯曲时，不应有断裂、脱漆等损坏现象。

8 质量检验

8.1 号牌置于(60±5)℃的烘箱中 7 h 后，取出放置在常温中 1 h，其表面应无开裂、脱皮及变色现象。

8.2 号牌置于人工降温－40℃条件下 15 h 后，取出放置在常温中 1 h，其表面应无开裂、脱皮及变色现象。

8.3 号牌置于浓度为(5±1)％(质量)的氯化钠溶液中 24 h 后，取出擦干放置在常温中 1 h，表面应无起泡、脱皮及变色现象。

8.4 号牌分别浸入－20 号柴油和 90 号以上汽油 30 min 后，取出擦干放置在常温中 1 h，其表面应无剥落、软化、变色、失光等现象。

8.5 号牌放置在坚固的平台上，用质量为 0.25 kg 实心钢球，从 2 m 高处自由落下至号牌表面，漆膜不应有破裂、皱纹。

8.6 将号牌正面向外，绕在直径为 20 mm 的圆钢棒上弯曲 90°后，其表面漆膜不应有破裂现象。

8.7 每 50 副号牌抽查一副，按本标准要求检查各部位尺寸、厚度及颜色。

8.8 每 10 000 副抽查一副，按本标准要求做各项检查和试验。

9 包装、运输

9.1 每副金属号牌之间应加柔软衬垫装入一个包装袋，包装袋上应注明号牌种类、号码、面数及生产厂名称。

9.2 每 25 副号牌为一整包装箱，应采用防潮纸板箱或木箱加封包装。箱内应有检验合格证及装箱单。

NY/T 345.1—2005

9.3 包装箱须标明：
　　——制造厂名称；
　　——品名；
　　——号牌的注册编号起止号；
　　——数量；
　　——出厂日期。

9.4 在运输过程中应防雨、防潮。

10 安装

10.1 金属材料号牌安装时，应使用安装孔；保证号牌无变形，垂直于地面，误差±15°。

10.2 金属材料号牌安装时，每面应用两个号牌专用固封装置固定。号牌专用固封装置应轧有省、自治区、直辖市的简称。

ICS 65.060.10
T 60

中华人民共和国农业行业标准

NY 345.2—2005
代替 345—1999

联合收割机号牌

Combine number plate

2005-01-17 发布

2005-01-17 实施

中华人民共和国农业部 发布

NY 345.2—2005

前　言

本标准为系列标准。

本标准的全部技术内容为强制性。

本标准是依据《联合收割机安全监理规定》对 NY 345—1999《农业机械号牌》的修订。

本标准发布后，原 NY 345—1999《农业机械号牌》废止。

本标准与原标准相比：

——增加了发牌机关代号的要求；

——修改了联合收割机号牌式样；

——删除了拖拉机号牌、农用运输车号牌等内容；

——主要规定了联合收割机号牌的分类、式样、编号规则、号牌字样、技术要求、质量检验、包装、运输及安装等方面的要求。

本标准由中华人民共和国农业部农业机械化管理司提出。

本标准由全国农业机械标准化技术委员会农业机械化分技术委员会归口。

本标准起草单位：农业部农机监理总站、河南省农业机械安全监理站、上海市农机安全监理所。

本标准主要起草人：丁翔文、吴晓玲、姚海、汤雪陈、范纪坤、姚春生。

联合收割机号牌

1 范围

本标准规定了联合收割机号牌的分类、式样、编号规则、号牌字样、技术要求、质量检验、包装、运输及安装等要求。

本标准适用于联合收割机号牌的制作、质量检验。

2 规范性引用文件

下列文件中的条款通过本标准的引用而成为本标准的条款。凡是注日期的引用文件,其随后所有的修改单(不包括勘误的内容)或修订版均不适用于本标准,然而,鼓励根据本标准达成协议的各方研究是否可使用这些文件的最新版本。凡是不注日期的引用文件,其最新版本适用于本标准。

GB/T 2260 中华人民共和国行政区划代码

GB/T 3181 漆膜颜色标准样本

GB/T 3880 铝合金轧质板材

GB 11253 碳素结构钢和低合金冷轧薄钢板

3 分类

分类方法见表1。

表1 联合收割机号牌分类表

单位为毫米

序号	类　别	外廓尺寸 (长×宽)	颜　色	每副号 牌面数	使用范围
1	正式联合收割机号牌	300×165	白底红字红框	2	正式登记注册后使用
2	教练联合收割机号牌	300×165	白底红字红框	2	教练、教学、考试使用
3	临时行驶联合收割机号牌	300×165	白底黑字黑框	1	新机出厂转移、已注册拖拉机的变更迁出收回号牌以及号牌遗失补办期间使用

4 式样

4.1 正式联合收割机号牌

正式联合收割机号牌由省、自治区、直辖市简称,发牌机关代号,注册编号等三部分组成。式样、尺寸见图1。

4.2 教练联合收割机号牌

教练联合收割机号牌由省、自治区、直辖市简称,发牌机关代号,注册编号和"学"等四部分组成。式样、尺寸见图2。

4.3 临时行驶联合收割机号牌

临时行驶联合收割机号牌由省、自治区、直辖市简称,发牌机关代号,注册编号和"临"等四部分组成。背面应采用一号黑体制作:所有人、拖拉机机型、品牌型号、发动机号、机身(机架)号码、临时通行区间、有效期限、发牌机关印章、发牌日期字样。式样、尺寸见图3。

NY 345.2—2005

注册编号（笔画宽：10±1）

省、自治区、直辖市简称（笔画宽：4~6）　　发牌机关代号（笔画宽：4~6）

图1　正式联合收割机号牌式样及尺寸（单位为毫米）

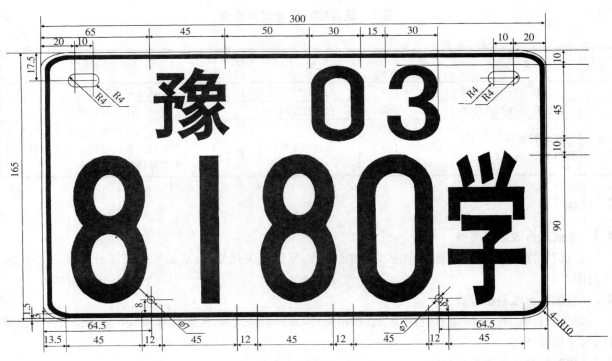

注册编号（笔画宽：10±1）

省、自治区、直辖市简称（笔画宽：4~6）　　发牌机关代号（笔画宽：4~6）

图2　教练联合收割机号牌式样及尺寸（单位为毫米）

注册编号（笔画宽：10±1） "临"字（笔画宽：8~10）

A 正面

所有人：_____

机型：_____ 品牌型号：_____

发动机号：_____ 机身（机架）号码：_____

临时通行区间：_____

有效期限：_____年_____月_____日至_____年_____月_____日

发牌机关印章

_____年_____月_____日

省、自治区、直辖市简称（笔画宽：4~6） 发牌机关代号（笔画宽：4~6）

B 背面

图3 临时行驶联合收割机号牌式样及尺寸（单位为毫米）

5 编号规则

5.1 "省、自治区、直辖市简称"应符合 GB/T 2260 规定的汉字简称。

5.2 发牌机关代号由2位阿拉伯数字组成，为 GB/T 2260 第三、第四位代码。

5.3 正式联合收割机号牌注册编号由5位阿拉伯数字或字母组成，如注册数量满额后可在第一位用字

NY 345.2—2005

母替代,其含义见表2。

表2　注册编号的字母表

字　母	A	B	C	D	E	F	G	H	J	K	L	M
注册编号为5位数的数值,万	10	11	12	13	14	15	16	17	18	19	20	21
字　母	N	P	Q	R	S	T	U	V	W	X	Y	Z
注册编号为5位数的数值,万	22	23	24	25	26	27	28	29	30	31	32	33

6　号牌字样

6.1　省、自治区、直辖市简称用汉字字样(高45 mm、宽45 mm)。

京津冀晋蒙辽吉黑沪
苏浙皖闽赣鲁豫鄂湘粤桂
琼渝川贵云藏陕甘青宁新

6.2　发牌机关代号用阿拉伯数字字样(高45 mm、宽30 mm)。

1234567890

6.3　注册编号用阿拉伯数字、字母及"学、临"汉字字样(高90 mm、宽45 mm)。

1234567890
ABCDEFGHJKLMNPQRST
UVWXYZ学临

6.4　号牌色彩

6.4.1　号牌颜色

底色为白色（Y11）,框、字颜色为红色（R03）。

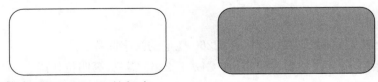

6.4.2　号牌漆膜应符合 GB/T 3181 的规定。

7 技术要求

7.1 字体

号牌上的字体均为黑体,汉字均采用国务院公布的规范汉字。

7.2 材质及规格

7.2.1 正式联合收割机号牌、教练联合收割机号牌应采用钢板或铝板金属材料,材料应符合 GB 11253 或 GB/T 3880 的规定,表面应采用反光材料。

钢板厚度为 0.8 mm～1.2 mm;铝板厚度为 1.0 mm～2.0 mm。

7.2.2 临时行驶联合收割机号牌采用 80 g～100 g 压敏胶纸材料。

7.3 金属号牌制作质量

7.3.1 号牌四周应有凸起值 1 mm～1.3 mm 的加强筋,字符应凸出牌面 1 mm 以上,且与加强筋高度相同。

7.3.2 各部尺寸误差应≤±1 mm。

7.3.3 号牌表面应清晰、整齐、着色均匀,不应有皱纹、气泡、颗粒杂质及厚薄不等现象。外缘应光滑无毛刺。

7.3.4 号牌表面涂料应与基材附着牢固。

7.3.5 在−40℃～60℃的温度中不变形、无裂纹、不脱皮和褪色等。

7.3.6 应防腐蚀和防水。

7.3.7 在受到外力冲击弯曲时,不应有断裂、脱漆等损坏现象。

8 质量检验

8.1 号牌置于(60±5)℃的烘箱中 7 h 后,取出放置在常温中 1 h,其表面应无开裂、脱皮及变色现象。

8.2 号牌置于人工降温−40℃条件下 15 h 后,取出放置在常温中 1 h,其表面应无开裂、脱皮及变色现象。

8.3 号牌置于浓度为(5±1)％(质量)的氯化钠溶液中 24 h 后,取出擦干放置在常温中 1 h,表面应无起泡、脱皮及变色现象。

8.4 号牌分别浸入−20 号柴油和 90 号以上汽油 30 min 后,取出擦干放置在常温中 1 h,其表面应无剥落、软化、变色、失光等现象。

8.5 号牌放置在坚固的平台上,用质量为 0.25 kg 实心钢球,从 2 m 高处自由落下至号牌表面,漆膜不应有破裂、皱纹。

8.6 将号牌正面向外,绕在直径为 20 mm 的圆钢棒上弯曲 90°后,其表面漆膜不应有破裂现象。

8.7 每 50 副号牌抽查一副,按本标准要求检查各部位尺寸、厚度及颜色。

8.8 每 10 000 副抽查一副,按本标准要求做各项检查和试验。

9 包装、运输

9.1 每副金属号牌之间应加柔软衬垫装入一个包装袋,包装袋上应注明号牌种类、号码、面数及生产厂名称。

9.2 每 25 副号牌为一整包装箱,应采用防潮纸板箱或木箱加封包装。箱内应有检验合格证及装箱单。

9.3 包装箱应标明:

——制造厂名称;

——品名;

NY 345.2—2005

　　——号牌的注册编号起止号；

　　——数量；

　　——出厂日期。

9.4　在运输过程中应防雨、防潮。

10　安装

10.1　金属材料号牌安装时，应使用安装孔；保证号牌无变形，垂直于地面，误差±15°。

10.2　金属材料号牌安装时，每面应用两个号牌专用固封装置固定。号牌专用固封装置应轧有省、自治区、直辖市的简称。

ICS 65.060.10
T 60

中华人民共和国农业行业标准

NY 346—2007
代替 NY 346—2005

拖拉机驾驶证证件

Tractor Driving License

2007-04-17 发布

2007-07-01 实施

中华人民共和国农业部 发布

NY 346—2007

前　言

本标准的全部技术内容为强制性。

本标准是对 NY 346—2005《拖拉机驾驶证证件》的修订。

本标准与 NY 346—2005《拖拉机驾驶证证件》标准相比主要变化如下：

——修改了关于联合收割机的相关内容和条款；

——增加了关于花纹图案、防伪标记和定位尺寸应使用统一模版的要求；

——增加了验收规则中批次数量和具体判定的要求；

——增加了规格和材料检验的要求。

本标准的附录 A、附录 B 和附录 C 为规范性附录。

本标准由中华人民共和国农业部农业机械化管理司提出。

本标准由全国农业机械标准化技术委员会农业机械化分技术委员会归口。

本标准起草单位：农业部农机监理总站、河南省农业机械安全监理站、上海市农机安全监理所。

本标准主要起草人：丁翔文、姚海、吴晓玲、汤雪陈、范纪坤、丁仕华。

本标准的历次发布情况：NY 346—1999《农业机械驾驶证证件》、NY 346—2005《拖拉机驾驶证证件》。

拖拉机驾驶证证件

1 范围

本标准规定了拖拉机驾驶证证件的式样、规格、印刷、制作质量、印章、检验方法和验收规则、标志、包装、运输和签注。

本标准适用于拖拉机驾驶证证件的制作和质量检验。

2 规范性引用文件

下列文件中的条款通过本标准的引用而成为本标准的条款。凡是注日期的引用文件，其随后所有的修改单（不包括勘误的内容）或修订版均不适用于本标准，然而，鼓励根据本标准达成协议的各方研究是否可使用这些文件的最新版本。凡是不注日期的引用文件，其最新版本适用于本标准。

GB 191 包装储运图示标记

GB/T 2260 中华人民共和国行政区划代码

GB/T 3181—1995 漆膜颜色标准样本

QB/T 3523 白卡纸

3 式样

拖拉机驾驶证证件由证夹、主页、副页三部分组成。

3.1 证夹

外皮为黑色人造革，正面烫金压字"中华人民共和国拖拉机驾驶证"，背面压有"农业部农业机械化管理司监制"字样，内皮为透明无色塑料，具体式样应符合附录 A 的规定，定位尺寸应使用统一模版。

3.2 主页

为单页证卡，应用塑封套密封。证卡正面、背面的格式和内容应符合附录 B 的规定，花纹图案、防伪标记和定位尺寸应使用统一模版，花纹颜色为 GB/T 3181—1995 中 G 01 苹果绿色。

3.3 副页

为单页证卡。证卡正面、背面的格式和内容应符合附录 C 的规定，花纹图案、防伪标记和定位尺寸应使用统一模版，花纹颜色为 GB/T 3181—1995 中 G 01 苹果绿色。

4 规格

4.1 证夹

折叠后长 102 mm±1 mm，宽 73 mm±1 mm，圆角半径为 4 mm±0.1 mm。

4.2 证卡

长 88 mm±0.5 mm，宽 60 mm±0.5 mm，圆角半径为 4 mm±0.1 mm。

4.3 塑封后的证卡

长 95 mm±0.5 mm，宽 66 mm±0.5 mm，圆角半径为 4 mm±0.1 mm。

5 印刷

5.1 文字

使用的汉字为国务院公布的简化汉字。

NY 346—2007

5.2 字体和颜色

5.2.1 证夹

"中华人民共和国"字体为小二号宋体;"拖拉机驾驶证"字体为一号黑体;"农业部农业机械化管理司监制"字体为四号宋体。

5.2.2 主页正面

5.2.2.1 "中华人民共和国拖拉机驾驶证"字体为小四号黑体,位置居中,颜色为黑色;"证号"字体为五号黑体,颜色为红色;"姓名"、"性别"、"国籍"、"住址"、"出生日期"、"初次领证日期"、"准驾机型"、"有效期起始日期"、"有效期限"和"年"等为六号宋体,颜色为黑色。

5.2.2.2 发证机关印章应为荧光防伪油墨套红印刷。

5.2.3 主页背面

"准驾机型代号规定"字体为小四号黑体,位置居中;"G:大中型拖拉机和H"、"H:小型方向盘式拖拉机"、"K:手扶式拖拉机"、"R:方向盘自走式联合收割机"、"S:操纵杆自走式联合收割机"和"T:悬挂式联合收割机"等字体为六号宋体,颜色为黑色。

5.2.4 副页

"中华人民共和国拖拉机驾驶证副页"字体为小四号黑体,位置居中,颜色为黑色;"证号"字体为五号黑体,颜色为红色;"姓名"、"档案编号"和"记录"等字体为六号宋体,颜色为黑色。

5.3 印刷质量

5.3.1 文字采用普通胶印印刷,套印位置上下允许偏差1 mm,左右允许偏差1 mm。

5.3.2 发证机关印章的套印位置上下允许偏差1 mm,左右允许偏差1 mm。

5.3.3 印刷应无缺色,无透印,版面整洁,无脏、花、糊,无缺笔道。

6 制作质量

6.1 证夹

6.1.1 证卡应能轻松地插入或取出。

6.1.2 证夹外皮手感柔软,无气泡,色泽均匀,烫金字清晰、无边刺,外形规正、挺括,折叠后不错位。

6.1.3 内皮透明无裂纹,内外皮封口牢固、均匀、无错位。

6.1.4 证夹在温度-50℃～60℃的环境下无开裂、脆化、软化等现象。

6.2 证卡

证卡用200 g～250 g的高密度、高白度白卡纸,应符合QB/T 3523的要求。

6.3 塑封套

用防伪聚酯薄膜材料,封接牢固,外观平整,封口均匀,不起泡、不起皱。

7 印章

7.1 规格

发证机关印章应为正方形,规格为20 mm×20 mm,框线宽为0.5 mm。

7.2 印文要求

印文字体应为五号宋体。民族自治地方的自治机关根据本地区的实际情况,在使用全国通用格式的同时,可以附加使用本民族的文字或选用一种当地通用的民族文字。

7.3 式样

发证机关印章印文自左向右横向多排排列,刻写的文字为发证机关名称。式样见附录B。

8 检验方法及验收规则

8.1 检验项目

生产单位应对生产的证卡和证夹进行质量检验。检验项目有：

——规格；

——颜色和图案；

——印刷质量；

——外观；

——材料；

——制作质量。

8.2 规格检验

应用卡尺测量。

8.3 材料质量

应依照 QB/T 3523 进行检验。

8.4 证夹耐温试验

应在符合标准的高低温试验箱中进行，证夹在−50℃和60℃的温度时，分别保持 10 min 后，根据 6.1 的要求进行检查。

8.5 颜色检验

证卡图案颜色、证夹颜色依照 GB/T 3181 进行检验。

8.6 验收规则

每批次随机抽验数量应不少于总数的 1‰，总数不大于 20 000 件时，每批次随机抽验数量为 20 件。每件中有一项不符合本标准规定，该件为不符合本标准的规定。有一件不符合本标准的规定，应加倍数量抽验，如仍有一件不合格，则该批产品为不合格。

9 标志、包装、运输

9.1 标志

包装箱体上应有产品名称、数量、标准号、包装箱编号、包装箱外廓尺寸、总质量、生产单位名称、地址、出厂年月日及注意事项等内容。包装箱体上应有"小心轻放"、"勿受潮湿"等标志。标志应符合 GB 191 的规定。

9.2 包装

9.2.1 证卡每 100 张为一小包装，每 100 小包装为一大包装，应使用防潮纸加封。

9.2.2 塑封套每 100 张为一小包装，每 100 小包装为一大包装，应使用防潮纸加封。

9.2.3 证夹每 50 个为一小包装，每 20 小包装为一大包装，应使用防潮纸加封。

9.2.4 每包装箱内应有合格证，合格证上应标明产品名称、数量、生产单位、生产日期、检验人员章、验收注意事项等。

9.3 运输

在运输过程中应防雨、防潮。

10 签注

10.1 证件编号

采用持证者居民身份证件号码。

NY 346—2007

10.2 档案编号

档案编号为 12 位阿拉伯数字,前 4 位为省(自治区、直辖市)代码和市(地、州、盟)代码,后 8 位为发证地档案顺序编号。省(自治区、直辖市)代码和市(地、州、盟)代码,应符合 GB/T 2260 的规定。

10.3 字体

10.3.1 证件主页和副页上的签注内容应使用专用打印机打印,字体为仿宋体,颜色为黑色,其中,"姓名"、"性别"、"准驾机型"栏签注内容的字号为小三号;其他栏签注内容的字号为五号。"记录"栏应用红色条章签注在打印的记录日期上。

10.3.2 在民族自治地方,驾驶证的"姓名"栏可根据有关规定使用本民族文字和汉字填写,其他栏目均用汉字填写。

10.4 照片

为持证者本人近期免冠、彩色正面照片(矫正视力者须戴眼镜),其规格为 32 mm×22 mm(1 寸照片),头部约占照片长度的 2/3。证件的照片可采用粘贴或数码打印方式。

10.5 准驾机型代号及准驾规定

准驾机型用下列规定的代号签注,打印字体为小三号仿宋体。

G:大中型拖拉机和 H

H:小型方向盘式拖拉机

K:手扶式拖拉机

R:方向盘自走式联合收割机

S:操纵杆自走式联合收割机

T:悬挂式联合收割机

附 录 A
（规范性附录）
拖拉机驾驶证证夹式样

NY 346—2007

附 录 B

（规范性附录）

拖拉机驾驶证主页式样

B.1 主页正面

中华人民共和国拖拉机驾驶证

证号

姓名＿＿＿＿＿＿＿＿＿ 性别＿＿＿＿ 国籍＿＿＿＿＿

住址＿＿＿＿＿＿＿＿＿＿＿＿＿＿＿＿＿＿＿＿＿

＿＿＿＿＿＿＿＿＿＿＿＿＿＿＿＿＿＿＿＿

××省×× 市农业机械 管理局 发证机关 （印章）

出生日期＿＿＿＿＿＿＿＿＿

初次领证日期＿＿＿＿＿＿＿＿ （照片）

准驾机型

有效期起始日期＿＿＿＿＿＿ 有效期限＿＿＿＿年

B.2 主页背面

准驾机型代号及准驾规定

G:大中型拖拉机和 H

H:小型方向盘式拖拉机

K:手扶式拖拉机

R:方向盘自走式联合收割机

S:操纵杆自走式联合收割机

T:悬挂式联合收割机

附 录 C
（规范性附录）
拖拉机驾驶证副页式样

C.1 副页正面

中华人民共和国拖拉机驾驶证副页
证号

姓名＿＿＿＿＿＿＿＿＿＿＿＿＿＿＿＿＿＿

档案编号＿＿＿＿＿＿＿＿＿＿＿＿＿＿＿

记录＿＿＿＿＿＿＿＿＿＿＿＿＿＿＿＿＿＿

＿＿＿＿＿＿＿＿＿＿＿＿＿＿＿＿＿＿＿＿

＿＿＿＿＿＿＿＿＿＿＿＿＿＿＿＿＿＿＿＿

＿＿＿＿＿＿＿＿＿＿＿＿＿＿＿＿＿＿＿＿

＿＿＿＿＿＿＿＿＿＿＿＿＿＿＿＿＿＿＿＿

C.2 副页背面

记录＿＿＿＿＿＿＿＿＿＿＿＿＿＿＿＿＿＿

＿＿＿＿＿＿＿＿＿＿＿＿＿＿＿＿＿＿＿＿

＿＿＿＿＿＿＿＿＿＿＿＿＿＿＿＿＿＿＿＿

＿＿＿＿＿＿＿＿＿＿＿＿＿＿＿＿＿＿＿＿

＿＿＿＿＿＿＿＿＿＿＿＿＿＿＿＿＿＿＿＿

＿＿＿＿＿＿＿＿＿＿＿＿＿＿＿＿＿＿＿＿

ICS 65.060.10
T 60

中华人民共和国农业行业标准

NY 347.1—2005
代替 NY 347—1999

拖拉机行驶证证件

Tractor running license

2005-01-17 发布

2005-01-17 实施

中华人民共和国农业部 发布

NY 347.1—2005

前　言

本标准为系列标准。

本标准的全部技术内容为强制性。

本标准是依据《中华人民共和国道路交通安全法》以及《中华人民共和国道路交通安全法实施条例》对 NY 347—1999《农业机械行驶证证件》的修订。

本标准发布后,原 NY 347—1999《农业机械行驶证证件》废止。

本标准与原标准相比:

——将原证夹颜色为蓝色修改为黑色;

——将原行驶证正证、副证修改为行驶证主页、副页;

——主要规定了拖拉机行驶证证件式样、规格、印刷、制作质量、证件印章、试验方法及验收规则、标志、包装、运输、签注。

本标准的附录 A、附录 B、附录 C 为规范性附录。

本标准由中华人民共和国农业部农业机械化管理司提出。

本标准由全国农业机械标准化技术委员会农业机械化分技术委员会归口。

本标准起草单位:农业部农机监理总站、河南省农业机械安全监理站、上海市农机安全监理所。

本标准主要起草人:丁翔文、吴晓玲、姚海、汤雪陈、范纪坤、姚春生。

拖拉机行驶证证件

1 范围

本标准规定了拖拉机行驶证证件式样、规格、印刷、制作质量、证件印章、试验方法及验收规则、标志、包装、运输、签注。

本标准适用于拖拉机行驶证证件的制作、质量检验。

2 规范性引用文件

下列文件中的条款通过本标准的引用而成为本标准的条款。凡是注日期的引用文件,其随后所有的修改单(不包括勘误的内容)或修订版均不适用于本标准,然而,鼓励根据本标准达成协议的各方研究是否可使用这些文件的最新版本。凡是不注日期的引用文件,其最新版本适用于本标准。

GB 191 包装储运图示标志

GB/T 3181 漆膜颜色标准样本

QB/T 3523 白卡纸

3 证件式样

拖拉机行驶证证件由证夹、行驶证主页、行驶证副页三部分组成。

3.1 证夹

外皮为黑色人造革,正面烫金压字"中华人民共和国拖拉机行驶证",背面压有"农业部农业机械化管理司监制"字样,内皮为透明无色塑料,具体式样应符合附录A的规定。

3.2 主页

主页为塑封套密封的单页证卡。

证卡正面、格式、内容及花纹图案应符合附录B的规定,花纹颜色为GB/T 3181中G 01苹果绿色。背面白色无底纹,居中粘贴拖拉机照片。

3.3 副页

副页为单页证卡。

证卡正面、背面的格式、内容及花纹图案应符合附录C的规定,花纹颜色为GB/T 3181中G 01苹果绿色。

4 规格

4.1 证夹

折叠后长102 mm±1 mm,宽73 mm±1 mm,圆角半径为4 mm±0.1 mm。

4.2 证卡

长88 mm±0.5 mm,宽60 mm±0.5 mm,圆角半径为4 mm±0.1 mm。

4.3 主页

长95 mm±0.5 mm,宽66 mm±0.5 mm,圆角半径为4 mm±0.1 mm。

5 印刷

5.1 文字

NY 347.1—2005

使用的汉字为国务院公布的简化字。

5.2 字体、颜色

5.2.1 证夹

"中华人民共和国"字体为小二号宋体;"拖拉机行驶证"字体为一号黑体;"农业部农业机械化管理司监制"字体为四号宋体。

5.2.2 主页

"中华人民共和国拖拉机行驶证"字体为小四黑体,位置居中;"号牌号码"、"拖拉机类型"、"所有人"、"机身(底盘)号码/挂车架号码"、"发动机号码"、"发证机关"、"总质量   千克"、"核定载质量   千克"、"品牌和型号"、"驾驶室乘坐   人"、"登记日期"、"发证日期"、"粘贴拖拉机照片"等其他文字的字体为六号宋体,颜色为黑色。

发证机关印章选择荧光防伪油墨套红印刷。

5.2.3 副页正面

"中华人民共和国拖拉机行驶证副页"字体为小四号黑体,位置居中;"号牌号码"、"拖拉机类型"、"住址"、"检验记录"等文字的字体为六号宋体,颜色为黑色。

5.3 印刷质量

文字应采用普通胶印印刷,套印位置上下允许偏差 1 mm,左右允许偏差 1 mm。印刷应无缺色,无透印,版面整洁,无脏、花、糊,无缺笔道。

发证机关印章的套印位置上下允许偏差 1 mm,左右允许偏差 1 mm。

6 制作质量

6.1 证夹

证卡应能轻松地插入或取出。证夹外表手感柔软,外形规正挺括,折叠后不错位,外表无气泡,色泽均匀,烫金字清晰无边刺,内皮透明无裂纹,内外皮封口牢固、均匀、无错位。

证夹在温度—50℃～60℃的环境下无开裂、脆化、软化等现象。

6.2 证卡

证卡使用 200 g～250 g 的高密度、高白度白卡纸,应符合 QB/T 3523 要求。

6.3 塑封套

使用防伪聚酯薄膜材料,封接牢固,外观平整,封口均匀,不起泡、不出皱。

7 证件印章

7.1 规格

证件印章为正方形,规格为 20 mm×20 mm,框线宽为 0.5 mm。

7.2 印文

印文使用的汉字为国务院公布的简化汉字,字体为五号宋体。民族自治地方的自治机关根据本地区的实际情况,在使用全国通用格式的同时,可以决定附加使用本民族的文字或选用一种当地通用的民族文字。

7.3 式样

印章印文自左向右横向多排排列,刻写的文字为发证机关名称。式样见附录 B。

8 试验方法及验收规则

8.1 检验项目

生产厂家应对生产的证卡和证夹进行质量检验。检验项目有:

——规格；

——颜色和图案；

——印刷；

——外观；

——材料；

——制作质量。

8.2 证夹耐温试验

证夹的耐温试验,应在符合标准的高低温试验箱中进行,证夹在—50℃和60℃的温度时,分别保持10 min 后,根据本标准6.1的要求进行检查。

8.3 颜色检验

证卡图案颜色、证夹颜色依照GB/T 3181进行检验。

8.4 验收方式

每批次验收检验数量不应少于20件。如有一件不符合本标准的规定,应加倍数量抽验;如仍有一件不合格,则该批产品为全部不合格。

9 标志、包装、运输

9.1 标志

在包装箱体上应有产品名称、数量、标准号、包装箱编号、包装箱外廓尺寸、总质量、生产单位名称、地址、出厂年月日及注意事项的标记。

在包装箱体上应有"小心轻放"、"勿受潮湿"等标志。标志的使用应符合GB 191的规定。

9.2 包装

各类证卡每100张为一小包装,每100小包装为一大包装,使用防潮纸加封。

塑封套每100张为一小包装,每100小包装为一大包装,使用防潮纸加封。

证夹每50个为一小包装,每20小包装为一大包装,使用防潮纸加封。

每包装箱内应有合格证,合格证上应记录产品名称、数量、生产单位、生产日期、检验人员章、验收注意事项等。

9.3 运输

在运输过程中应防雨、防潮。

10 签注

10.1 字体

证件签注内容应使用专用打印机打印,字体为五号仿宋体,颜色为黑色。"检验记录"栏应用红色条章签注在打印的记录日期上。

10.2 照片

应为拖拉机前方左侧45°拍摄的装有号牌的全机(含挂车)彩色照片,规格为88 mm×60 mm,圆角半径4 mm。拖拉机影像应占照片的三分之二,应能够明确辨别拖拉机号牌号码和机身颜色。

附　录　A
（规范性附录）
拖拉机行驶证证夹式样

附　录　B

（规范性附录）

拖拉机行驶证主页式样

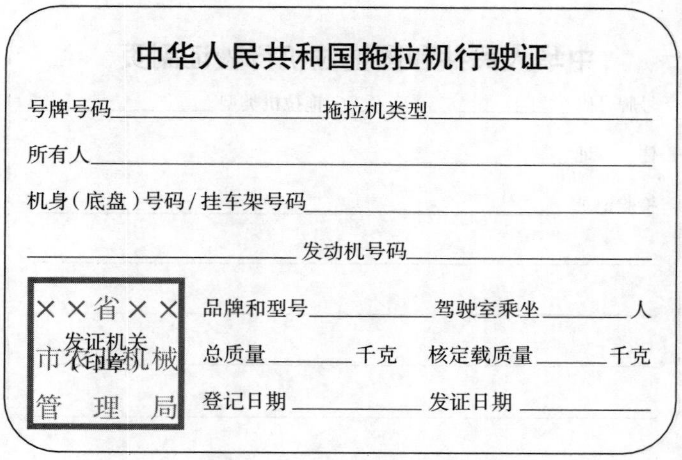

中华人民共和国拖拉机行驶证

号牌号码_____拖拉机类型_____

所有人_____

机身（底盘）号码/挂车架号码_____

_____发动机号码_____

品牌和型号_____驾驶室乘坐_____人

总质量_____千克　核定载质量_____千克

登记日期_____发证日期_____

××省××市农业机械管理局 发证机关印章

图 B.1　主页正面

粘贴拖拉机照片

图 B.2　主页背面

附　录　C

（规范性附录）

拖拉机行驶证副页式样

中华人民共和国拖拉机行驶证副页

号牌号码＿＿＿＿＿＿＿＿＿＿＿＿＿拖拉机类型＿＿＿＿＿＿＿＿＿

住　　　址＿＿＿＿＿＿＿＿＿＿＿＿＿＿＿＿＿＿＿＿＿＿＿＿＿

检验记录＿＿＿＿＿＿＿＿＿＿＿＿＿＿＿＿＿＿＿＿＿＿＿＿＿＿

图 C.1　副页正面

图 C.2　副页背面

ICS 65.060.10
T 60

NY 1371—2007

中华人民共和国农业行业标准

联合收割机驾驶证证件

Combine Driving License

2007-04-17 发布

2007-07-01 实施

中华人民共和国农业部 发布

NY 1371—2007

前　言

本标准的全部技术内容为强制性。

本标准的附录 A、附录 B 和附录 C 为规范性附录。

本标准由中华人民共和国农业部农业机械化管理司提出。

本标准由全国农业机械标准化技术委员会农业机械化分技术委员会归口。

本标准起草单位：农业部农机监理总站、河南省农业机械安全监理站、上海市农机安全监理所。

本标准主要起草人：丁翔文、姚海、吴晓玲、汤雪陈、范纪坤、丁仕华。

本标准为首次发布。

联合收割机驾驶证证件

1 范围

本标准规定了联合收割机驾驶证证件的式样、规格、印刷、制作质量、印章、检验方法和验收规则、标志、包装、运输和签注。

本标准适用于联合收割机驾驶证证件的制作和质量检验。

2 规范性引用文件

下列文件中的条款通过本标准的引用而成为本标准的条款。凡是注日期的引用文件,其随后所有的修改单(不包括勘误的内容)或修订版均不适用于本标准,然而,鼓励根据本标准达成协议的各方研究是否可使用这些文件的最新版本。凡是不注日期的引用文件,其最新版本适用于本标准。

GB 191　包装储运图示标记

GB/T 2260　中华人民共和国行政区划代码

GB/T 3181—1995　漆膜颜色标准样本

QB/T 3523　白卡纸

3 式样

联合收割机驾驶证证件由证夹、主页、副页三部分组成。

3.1 证夹

外皮为黑色人造革,正面烫金压字"中华人民共和国联合收割机驾驶证",背面压有"农业部农业机械化管理司监制"字样,内皮为透明无色塑料,具体式样应符合附录 A 的规定,定位尺寸应使用统一模版。

3.2 主页

为单页证卡,应用塑封套密封。证卡正面、背面的格式和内容应符合附录 B 的规定,花纹图案、防伪标记和定位尺寸应使用统一模版,花纹颜色为 GB/T 3181—1995 中 G01 苹果绿色。

3.3 副页

为单页证卡。证卡正面、背面的格式和内容应符合附录 C 的规定,花纹图案、防伪标记和定位尺寸应使用统一模版,花纹颜色为 GB/T 3181—1995 中 G01 苹果绿色。

4 规格

4.1 证夹

折叠后长 102 mm±1 mm,宽 73 mm±1 mm,圆角半径为 4 mm±0.1 mm。

4.2 证卡

长 88 mm±0.5 mm,宽 60 mm±0.5 mm,圆角半径为 4 mm±0.1 mm。

4.3 塑封后的证卡

长 95 mm±0.5 mm,宽 66 mm±0.5 mm,圆角半径为 4 mm±0.1 mm。

5 印刷

5.1 文字

NY 1371—2007

使用的汉字为国务院公布的简化汉字。

5.2 字体和颜色

5.2.1 证夹

"中华人民共和国"字体为小二号宋体;"联合收割机驾驶证"字体为一号黑体;"农业部农业机械化管理司监制"字体为四号宋体。

5.2.2 主页正面

5.2.2.1 "中华人民共和国联合收割机驾驶证"字体为小四号黑体,位置居中,颜色为黑色;"证号"字体为五号黑体,颜色为红色;"姓名"、"性别"、"国籍"、"住址"、"出生日期"、"初次领证日期"、"准驾机型"、"有效期起始日期"、"有效期限"和"年"等为六号宋体,颜色为黑色。

5.2.2.2 发证机关印章应为荧光防伪油墨套红印刷。

5.2.3 主页背面

"准驾机型代号规定"字体为小四号黑体,位置居中;"R:方向盘自走式联合收割机"、"S:操纵杆自走式联合收割机"、"T:悬挂式联合收割机"等字体为六号宋体,颜色为黑色。

5.2.4 副页

"中华人民共和国联合收割机驾驶证副页"字体为小四号黑体,位置居中,颜色为黑色;"证号"字体为五号黑体,颜色为红色;"姓名"、"档案编号"和"记录"等字体为六号宋体,颜色为黑色。

5.3 印刷质量

5.3.1 文字采用普通胶印印刷,套印位置上下允许偏差 1 mm,左右允许偏差 1 mm。

5.3.2 发证机关印章的套印位置上下允许偏差 1 mm,左右允许偏差 1 mm。

5.3.3 印刷应无缺色,无透印,版面整洁,无脏、花、糊,无缺笔道。

6 制作质量

6.1 证夹

6.1.1 证卡应能轻松地插入或取出。

6.1.2 证夹外皮手感柔软,无气泡,色泽均匀,烫金字清晰、无边刺,外形规正、挺括,折叠后不错位。

6.1.3 内皮透明无裂纹,内外皮封口牢固、均匀、无错位。

6.1.4 证夹在温度 −50℃~60℃ 的环境下无开裂、脆化、软化等现象。

6.2 证卡

证卡用 200 g~250 g 的高密度、高白度白卡纸,应符合 QB/T 3523 的要求。

6.3 塑封套

用防伪聚酯薄膜材料,封接牢固,外观平整,封口均匀,不起泡、不起皱。

7 印章

7.1 规格

发证机关印章应为正方形,规格为 20 mm×20 mm,框线宽为 0.5 mm。

7.2 印文要求

印文字体应为五号宋体。民族自治地方的自治机关根据本地区的实际情况,在使用全国通用格式的同时,可以附加使用本民族的文字或选用一种当地通用的民族文字。

7.3 式样

发证机关印章印文自左向右横向多排排列,刻写的文字为发证机关名称。式样见附录 B。

8 检验方法及验收规则

8.1 检验项目

生产单位应对生产的证卡和证夹进行质量检验。检验项目有：

— 规格；

— 颜色和图案；

— 印刷质量；

— 外观；

— 材料；

— 制作质量。

8.2 规格检验

应用卡尺测量。

8.3 材料质量

应依照 QB/T 3523 进行检验。

8.4 证夹耐温试验

应在符合标准的高低温试验箱中进行，证夹在−50℃和60℃的温度时，分别保持 10 min 后，根据 6.1 的要求进行检查。

8.5 颜色检验

证卡图案颜色、证夹颜色依照 GB/T 3181 进行检验。

8.6 验收规则

每批次随机抽验数量应不少于总数的 1‰，总数不大于 20 000 件时，每批次随机抽验数量为 20 件。每件中有一项不符合本标准规定，该件为不符合本标准的规定。有一件不符合本标准的规定，应加倍数量抽验，如仍有一件不合格，则该批产品为不合格。

9 标志、包装、运输

9.1 标志

包装箱体上应有产品名称、数量、标准号、包装箱编号、包装箱外廓尺寸、总质量、生产单位名称、地址、出厂年月日及注意事项等内容。包装箱体上应有"小心轻放"、"勿受潮湿"等标志。标志应符合 GB 191 的规定。

9.2 包装

9.2.1 证卡每 100 张为一小包装，每 100 小包装为一大包装，应使用防潮纸加封。

9.2.2 塑封套每 100 张为一小包装，每 100 小包装为一大包装，应使用防潮纸加封。

9.2.3 证夹每 50 个为一小包装，每 20 小包装为一大包装，应使用防潮纸加封。

9.2.4 每包装箱内应有合格证，合格证上应标明产品名称、数量、生产单位、生产日期、检验人员章、验收注意事项等。

9.3 运输

在运输过程中应防雨、防潮。

10 签注

10.1 证件编号

采用持证者居民身份证件号码。

NY 1371—2007

10.2 档案编号

档案编号为12位阿拉伯数字,前4位为省(自治区、直辖市)代码和市(地、州、盟)代码,后8位为发证地档案顺序编号。省(自治区、直辖市)代码和市(地、州、盟)代码,应符合GB/T 2260的规定。

10.3 字体

10.3.1 证件主页和副页上的签注内容应使用专用打印机打印,字体为仿宋体,颜色为黑色,其中,"姓名"、"性别"、"准驾机型"栏签注内容的字号为小三号;其他栏签注内容的字号为五号。"记录"栏应用红色条章签注在打印的记录日期上。

10.3.2 在民族自治地方,驾驶证的"姓名"栏可根据有关规定使用本民族文字和汉字填写,其他栏目均用汉字填写。

10.4 照片

为持证者本人近期免冠、彩色正面照片(矫正视力者须戴眼镜),其规格为32 mm×22 mm(1寸照片),头部约占照片长度的2/3。证件的照片可采用粘贴或数码打印方式。

10.5 准驾机型代号及准驾规定

准驾机型用下列规定的代号签注,打印字体为小三号仿宋体。

R:方向盘自走式联合收割机

S:操纵杆自走式联合收割机

T:悬挂式联合收割机

附 录 A
（规范性附录）
联合收割机驾驶证证夹式样

NY 1371—2007

附 录 B

（规范性附录）

联合收割机驾驶证主页式样

B.1 主页正面

中华人民共和国联合收割机驾驶证
证号

姓名＿＿＿＿＿＿＿＿＿＿＿性别＿＿＿＿＿国籍＿＿＿＿＿＿

住址＿＿＿＿＿＿＿＿＿＿＿＿＿＿＿＿＿＿＿＿＿＿＿＿＿＿＿

＿＿＿＿＿＿＿＿＿＿＿＿＿＿＿＿＿＿＿＿

××省××市农业机械管理局发证机关（印章）

出生日期＿＿＿＿＿＿＿＿＿＿

初次领证日期＿＿＿＿＿＿＿＿＿

准驾机型

（照片）

有效期起始日期＿＿＿＿＿＿ 有效期限＿＿＿＿年

B.2 主页背面

准驾机型代号及准驾规定

R:方向盘自走式联合收割机

S:操纵杆自走式联合收割机

T:悬挂式联合收割机

附 录 C

（规范性附录）

联合收割机驾驶证副页式样

C.1 副页正面

中华人民共和国联合收割机驾驶证

副页证号

姓名＿＿＿＿＿＿＿＿＿＿＿＿＿＿＿＿＿＿＿＿＿＿＿＿

档案编号＿＿＿＿＿＿＿＿＿＿＿＿＿＿＿＿＿＿＿＿＿＿

记录＿＿＿＿＿＿＿＿＿＿＿＿＿＿＿＿＿＿＿＿＿＿＿＿

＿＿＿＿＿＿＿＿＿＿＿＿＿＿＿＿＿＿＿＿＿＿＿＿

＿＿＿＿＿＿＿＿＿＿＿＿＿＿＿＿＿＿＿＿＿＿＿＿

＿＿＿＿＿＿＿＿＿＿＿＿＿＿＿＿＿＿＿＿＿＿＿＿

＿＿＿＿＿＿＿＿＿＿＿＿＿＿＿＿＿＿＿＿＿＿＿＿

C.2 副页背面

记录＿＿＿＿＿＿＿＿＿＿＿＿＿＿＿＿＿＿＿＿＿＿＿＿

＿＿＿＿＿＿＿＿＿＿＿＿＿＿＿＿＿＿＿＿＿＿＿＿

＿＿＿＿＿＿＿＿＿＿＿＿＿＿＿＿＿＿＿＿＿＿＿＿

＿＿＿＿＿＿＿＿＿＿＿＿＿＿＿＿＿＿＿＿＿＿＿＿

＿＿＿＿＿＿＿＿＿＿＿＿＿＿＿＿＿＿＿＿＿＿＿＿

＿＿＿＿＿＿＿＿＿＿＿＿＿＿＿＿＿＿＿＿＿＿＿＿

＿＿＿＿＿＿＿＿＿＿＿＿＿＿＿＿＿＿＿＿＿＿＿＿

ICS 65.060.10
T 60

中华人民共和国农业行业标准

NY 347.2—2005
代替 NY 347—1999

联合收割机行驶证证件

Combine running license

2005-01-17 发布　　　　　　　　　　　　2005-01-17 实施

中华人民共和国农业部 发布

NY 347.2—2005

前　言

本标准为系列标准。

本标准的全部技术内容为强制性。

本标准是依据《联合收割机安全监理规定》对 NY 347—1999《农业机械行驶证证件》的修订。

本标准发布后，原 NY 347—1999《农业机械行驶证证件》废止。

本标准与原标准相比：

——将原证夹颜色为蓝色修改为黑色；

——将原行驶证正证、副证修改为行驶证主页、副页；

——主要规定了联合收割机行驶证证件式样、规格、印刷、制作质量、证件印章、试验方法及验收规则、标志、包装、运输、签注。

本标准的附录 A、附录 B、附录 C 为规范性附录。

本标准由中华人民共和国农业部农业机械化管理司提出。

本标准由全国农业机械标准化技术委员会农业机械化分技术委员会归口。

本标准起草单位：农业部农机监理总站、河南省农业机械安全监理站、上海市农机安全监理所。

本标准主要起草人：丁翔文、吴晓玲、姚海、汤雪陈、范纪坤、姚春生。

联合收割机行驶证证件

1 范围

本标准规定了联合收割机行驶证证件式样、规格、印刷、制作质量、证件印章、试验方法及验收规则、标志、包装、运输、签注。

本标准适用于联合收割机行驶证证件的制作、质量检验。

2 规范性引用文件

下列文件中的条款通过本标准的引用而成为本标准的条款。凡是注日期的引用文件,其随后所有的修改单(不包括勘误的内容)或修订版均不适用于本标准,然而,鼓励根据本标准达成协议的各方研究是否可使用这些文件的最新版本。凡是不注日期的引用文件,其最新版本适用于本标准。

GB 191　包装储运图示标志

GB/T 3181　漆膜颜色标准样本

QB/T 3523　白卡纸

3 证件式样

联合收割机行驶证证件由证夹、行驶证主页、行驶证副页三部分组成。

3.1 证夹

外皮为黑色人造革,正面烫金压字"中华人民共和国联合收割机行驶证",背面压有"农业部农业机械化管理司监制"字样,内皮为透明无色塑料,具体式样应符合附录 A 的规定。

3.2 主页

主页为塑封套密封的单页证卡。

证卡正面、格式、内容及花纹图案应符合附录 B 的规定,花纹颜色为 GB/T 3181 中 G 01 苹果绿色。背面白色无底纹,居中粘贴联合收割机照片。

3.3 副页

副页为单页证卡。

证卡正面、背面的格式、内容及花纹图案应符合附录 C 的规定,花纹颜色为 GB/T 3181 中 G 01 苹果绿色。

4 规格

4.1 证夹

折叠后长 102 mm±1 mm,宽 73 mm±1 mm,圆角半径为 4 mm±0.1 mm。

4.2 证卡

长 88 mm±0.5 mm,宽 60 mm±0.5 mm,圆角半径为 4 mm±0.1 mm。

4.3 主页

长 95 mm±0.5 mm,宽 66 mm±0.5 mm,圆角半径为 4 mm±0.1 mm。

5 印刷

5.1 文字

NY 347.2—2005

使用的汉字为国务院公布的简化字。

5.2 字体、颜色

5.2.1 证夹

"中华人民共和国"字体为小二号宋体;"联合收割机行驶证"字体为一号黑体;"农业部农业机械化管理司监制"字体为四号宋体。

5.2.2 主页

"中华人民共和国联合收割机行驶证"字体为小四号黑体,位置居中;"号牌号码"、"联合收割机类型"、"所有人"、"机架号码"、"发动机号码"、"发证机关"、"总质量　千克"、"品牌和型号"、"驾驶室乘　人"、"登记日期"、"发证日期"、"粘贴联合收割机照片"等其他文字的字体为六号宋体,颜色为黑色。签发机关证件章选择荧光防伪油墨套红印刷。

5.2.3 副页正面

"中华人民共和国联合收割机行驶证副页"字体为小四号黑体,位置居中;"号牌号码"、"联合收割机类型"、"住址"、"检验记录"等文字的字体为六号宋体,颜色为黑色。

5.3 印刷质量

文字应采用普通胶印印刷,套印位置上下允许偏差 1 mm,左右允许偏差 1 mm。印刷应无缺色,无透印,版面整洁,无脏、花、糊,无缺笔道。

发证机关印章的套印位置上下允许偏差 1 mm,左右允许偏差 1 mm。

6 制作质量

6.1 证夹

证卡应能轻松地插入或取出。证夹外表手感柔软,外形规正挺括,折叠后不错位,外表无气泡,色泽均匀,烫金字清晰无边刺,内皮透明无裂纹,内外皮封口牢固、均匀、无错位。

证夹在温度－50℃～60℃的环境下无开裂、脆化、软化等现象。

6.2 证卡

证卡用 200 g～250 g 的高密度、高白度白卡纸,应符合 QB/T 3523 的要求。

6.3 塑封套

使用防伪聚酯薄膜材料,封接牢固,外观平整,封口均匀,不起泡、不出皱。

7 证件印章

7.1 规格

证件印章为正方形,规格为 20 mm×20 mm,框线宽为 0.5 mm。

7.2 印文

印文使用的汉字为国务院公布的简化汉字,字体为五号宋体。民族自治地方的自治机关根据本地区的实际情况,在使用全国通用格式的同时,可以决定附加使用本民族的文字或选用一种当地通用的民族文字。

7.3 式样

印章印文自左向右横向多排排列,刻写的文字为发证机关名称。式样见附录 B。

8 试验方法及验收规则

8.1 检验项目

生产厂家应对生产的证卡和证夹进行质量检验。检验项目有:

——规格;

——颜色和图案；

——印刷；

——外观；

——材料；

——制作质量。

8.2 证夹耐温试验

证夹的耐温试验,应在符合标准的高低温试验箱中进行,证夹在－50℃和60℃的温度时,分别保持10 min 后,根据本标准 6.1 的要求进行检查。

8.3 颜色检验

证卡图案颜色、证夹颜色依照 GB/T 3181 的规定进行检验。

8.4 验收方式

每批次验收检验数量不应少于 20 件。如有一件不符合本标准的规定,应加倍数量抽验;如仍有一件不合格,则该批产品为全部不合格。

9 标志、包装、运输

9.1 标志

在包装箱体上应有产品名称、数量、标准号、包装箱编号、包装箱外廓尺寸、总质量、生产单位名称、地址、出厂年月日及注意事项的标记。

在包装箱体上应有"小心轻放"、"勿受潮湿"等标志。标志使用应符合 GB 191 的规定。

9.2 包装

各类证卡每 100 张为一小包装,每 100 小包装为一大包装,使用防潮纸加封。

塑封套每 100 张为一小包装,每 100 小包装为一大包装,使用防潮纸加封。

证夹每 50 个为一小包装,每 20 小包装为一大包装,使用防潮纸加封。

每包装箱应有合格证,合格证上应记录产品名称、数量、生产单位、生产日期、检验人员章、验收注意事项等。

9.3 运输

在运输过程中应防雨、防潮。

10 签注

10.1 字体

证件签注内容应使用专用打印机打印,字体为五号仿宋体,颜色为黑色。"检验记录"栏应用红色条章签注在打印的记录日期上。

10.2 照片

应为联合收割机前方左侧 45°拍摄的装有号牌的联合收割机彩色照片,规格为 88 mm×60 mm,圆角半径 4 mm。联合收割机影像应占照片的三分之二,应能够明确辨别联合收割机号牌号码和机身颜色。

NY 347.2—2005

附 录 A

（规范性附录）

联合收割机行驶证证夹式样

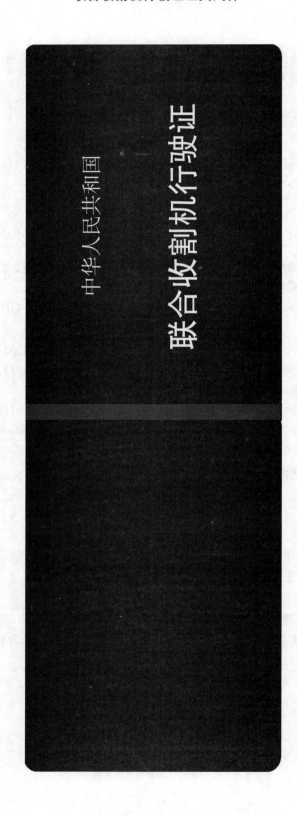

附　录　B

（规范性附录）

联合收割机行驶证主页式样

中华人民共和国联合收割机行驶证

号牌号码＿＿＿＿＿＿＿＿＿＿＿联合收割机类型＿＿＿＿＿＿＿＿＿

所有人＿＿＿＿＿＿＿＿＿＿＿＿＿＿＿＿＿＿＿＿＿＿＿＿

机架号码＿＿＿＿＿＿＿＿＿＿＿＿＿＿＿＿＿＿＿＿＿＿＿

发动机号码＿＿＿＿＿＿＿＿＿＿＿＿＿＿＿＿＿＿＿＿＿

××省××
市农业机械
管　理　局
发证机关
（印章）

品牌和型号＿＿＿＿＿＿＿＿＿＿驾驶室乘＿＿＿＿人

总质量＿＿＿＿＿＿＿千克

登记日期＿＿＿＿＿＿＿＿发证日期＿＿＿＿＿＿＿＿

图 B.1　主页正面

粘贴联合收割机照片

图 B.2　主页背面

NY 347.2—2005

附 录 C

（规范性附录）

联合收割机行驶证副页式样

中华人民共和国联合收割机行驶证副页

号牌号码＿＿＿＿＿＿＿＿＿＿拖拉机类型＿＿＿＿＿＿＿＿

住　　址＿＿＿＿＿＿＿＿＿＿＿＿＿＿＿＿＿＿＿＿＿

检验记录＿＿＿＿＿＿＿＿＿＿＿＿＿＿＿＿＿＿＿＿＿

图 C.1 副页正面

图 C.2 副页背面

ICS 65.060.01
B 08

中华人民共和国农业行业标准

NY 1918—2010

农机安全监理证证件

The licence of agricultural machinery safety supervision

2010-07-08 发布 2010-09-01 实施

中华人民共和国农业部 发布

NY 1918—2010

前　言

本标准的全部技术内容为强制性。

本标准依据 GB/T 1.1—2009《标准化工作导则　第 1 部分：标准的结构和编写》编制。

本标准由农业部农业机械化管理司提出。

本标准由全国农业机械标准化技术委员会农业机械化分技术委员会(SAC/TC201/SC2)归口。

本标准起草单位：农业部农机监理总站、湖南省农机监理总站、黑龙江省农机安全监理总站。

本标准主要起草人：涂志强、胡东元、柴小平、王超、杨国成、王峰。

农机安全监理证证件

1 范围

本标准规定了农机安全监理证证件的组成、式样、规格、印刷、质量要求、印章、试验方法、验收规则、标志、包装、运输、核发、审验和佩带等。

本标准适用于农机安全监理证证件的制作、质量检验和管理。

2 规范性引用文件

下列文件对于本文件的应用是必不可少的。凡是注日期的引用文件,仅所注日期的版本适用于本文件。凡是不注日期的引用文件,其最新版本(包括所有的修改单)适用于本文件。

GB/T 191—2008　包装储运图示标志

GB/T 3181—2008　漆膜颜色标准

QB/T 3523—1999　白卡纸

3 组成

农机安全监理证证件由证夹、主证、副证(未取得检验员、考试员和事故处理员资格的可暂无副证)和证套组成,副证分为检验员证、考试员证和事故处理员证。

4 式样

4.1 证夹

外皮为黑色人造革,左侧内皮为单层透明无色塑料,右侧内皮为三层黑色人造革,具体式样应符合附录A的规定。

4.2 主证

为塑封套密封的主证证卡。主证证卡正面和背面的格式及内容应符合附录B的规定,底色为白色,花纹图案应符合附录C的规定,花纹颜色为GB/T 3181—2008中G01苹果绿色。塑封套采用聚酯薄膜材料,左上角应印有符合附录D的农机监理行业标识主标志,并采用拉丝防伪技术。

4.3 副证

为塑封套密封的副证证卡。副证证卡正面和背面的格式及内容应符合附录E、附录F、附录G的规定,底色、花纹图案、花纹颜色及塑封套同4.2。

4.4 证套

证套采用透明塑料材料,中空,左右两侧及下侧封闭,上缘开口,背面嵌有安全别针或小夹子。

5 规格

5.1 证夹

折叠后长102 mm±1 mm,宽73 mm±1 mm,圆角半径4 mm±0.1 mm。

NY 1918—2010

5.2　证卡

包括主证证卡和副证证卡,规格相同。长 88 mm±0.5 mm,宽 60 mm±0.5 mm,圆角半径 4 mm±0.1 mm。

5.3　塑封套

长 95 mm±0.5 mm,宽 66 mm±0.5 mm,圆角半径 4 mm±0.1 mm。

5.4　主证和副证

为塑封后的主证证卡和副证证卡,规格相同。长 95 mm±0.5 mm,宽 66 mm±0.5 mm,圆角半径 4 mm±0.1 mm。

5.5　证套

长 100 mm±1 mm,宽 71 mm±1 mm,内缘间隙 1 mm±0.1 mm,可插入副证。

6　印刷

6.1　文字

使用的汉字为国务院公布的简化字。民族自治地方的自治机关根据本地区的实际情况,在使用汉字的同时,可以决定附加使用本民族的文字或选用一种当地通用的民族文字。

6.2　字体和颜色

6.2.1　证夹

证夹正面"中华人民共和国"字体为小二号楷体(GB2312),位置居中,烫银压字;农机监理行业标识副标志应符合附录 D,烫银压字;"农机安全监理证"字体为一号黑体,位置居中,烫银压字;证夹背面"农业部农业机械化管理司监制"字体为四号宋体,压字无色。

6.2.2　主证

主证正面"农机安全监理证"字体为小二号黑体,位置居中,字体颜色为黑色;"证号"、"姓名"、"性别"、"工作单位"、"职务"、"发证日期"等其他文字的字体为小四号宋体,字体颜色为黑色;主证背面"持证须知"字体为三号宋体,位置居中,字体颜色为黑色;持证须知正文文本字体为五号宋体,字体颜色为黑色。

6.2.3　副证

副证正面"检验员"(或"考试员"、"事故处理员")字体为小二号黑体,位置居中,字体颜色为黑色;"证号"、"姓名"、"性别"、"单位"、"发证日期"等其他文字的字体为小四号宋体,字体颜色为黑色;副证背面"证件审验记录"字体为三号宋体,位置居中,字体颜色为黑色。

7　质量要求

7.1　印刷质量

采用普通胶印印刷的文字,应无缺色,无透印,版面整洁,无脏、花、糊,无缺笔画。

7.2　证夹

证卡应能轻松地插入或取出。证夹外表手感柔软,外形规正挺括,折叠后不错位,外表无气泡,色泽均匀,烫银字清晰无边刺,内皮透明无裂纹,内外皮封口牢固、均匀、无错位。证夹在温度-50℃~60℃的环境下无开裂、脆化、软化等现象。

7.3　证卡

证卡用符合 QB/T 3523—1999 要求的 200 g~250 g 的高密度、高白度白卡纸。

7.4　塑封套

封接牢固,外观平整,封口均匀,不起泡、不出皱,内页字迹清晰。

7.5　证套

颜色透明,外观平整。

8 印章

8.1 规格

证件章为圆形,直径为 20 mm,框线宽为 1.2 mm。

8.2 印文

印章内嵌发证机构全称和"农机安全监理证证件专用章"字样,印文使用的汉字为国务院公布的简化汉字,字体为五号宋体,中央刊五角星。民族自治地方的自治机关根据本地区的实际情况,在使用全国通用格式的同时,可以决定附加使用本民族的文字或选用一种当地通用的民族文字。式样见附录 B。

9 试验方法及验收规则

9.1 检验项目

生产厂家应对生产的证夹、证卡、塑封套及证套进行质量检验。检验项目有:

——规格;

——颜色和图案;

——印刷质量;

——外观;

——材料;

——制作质量。

9.2 规格检验

应用卡尺测量。

9.3 证卡材料检验

应按照 QB/T 3523—1999 进行检验。

9.4 证夹耐温试验

应在符合标准的高低温试验箱中进行,证夹在−50℃和60℃的温度时,分别保持 10 min 后,根据 7.2 质量要求进行检查。

9.5 颜色检验

证卡图案颜色、证夹颜色依照 GB/T 3181—2008 进行检验。

9.6 验收方式

每批次随机抽验数量应不少于总数的 0.1%。总数不大于 20 000 件时,每批次随机抽验数量为 20 件。每件中有一项不符合本标准规定,该件为不符合本标准的规定。有一件不符合本标准的规定,应加倍数量抽验,如仍有一件不合格,则该批产品为不合格。

10 标志、包装、运输

10.1 标志

在包装箱体上应有产品名称、数量、标准号、包装箱编号、包装箱外廓尺寸、总质量、生产单位名称和地址、出厂年月日及注意事项的标记。

在包装箱体上应有"勿受潮湿"等标志。标志使用应符合 GB 191—2008 的规定。

10.2 包装

10.2.1　各类证卡每 100 张为一小包装,每 100 小包装为一大包装,使用防潮纸加封。

10.2.2　塑封套每 100 张为一小包装,每 100 小包装为一大包装,使用防潮纸加封。

10.2.3　证夹每 50 个为一小包装,每 20 小包装为一大包装,使用防潮纸加封。

NY 1918—2010

10.2.4 证套每 50 个为一小包装,每 20 小包装为一大包装,使用防潮纸加封。

10.2.5 每包装箱应有合格证,合格证上应记录产品名称、数量、生产单位、生产日期、检验人员章、验收注意事项等。

10.3 运输

在运输过程中应防雨、防潮。

11 核发

11.1 字体

主证和副证上的签注内容应使用专用打印机打印,字体为小四号宋体,颜色为黑色。

11.2 照片

照片为持证者本人近期彩色白底免冠、正面照片(矫正视力者须戴眼镜),尺寸为 32 mm×22 mm(1 寸照片),头部约占照片长度的 2/3。

11.3 内容

"职务"填写行政职务,没有行政职务的填写"农机安全监理员"。

11.4 证号

农机安全监理证证号包含主证证号及相应副证证号,应与农机安全监理员胸徽号码一致。

11.5 签章

农机安全监理证主证及副证上应加盖发证机构印章,并进行塑封。

12 审验

核发副证和审验合格时,应在副证背面证件审验记录栏内签注:"审验合格至××××年××月有效"。

13 佩带

农机安全监理员在开展拖拉机联合收割机安全技术检验、拖拉机联合收割机驾驶人考试、农业机械事故处理等业务时应在左胸前佩带农机安全监理证相应副证。佩带副证时,应将相应副证从证夹内取出,置于证套内,别于左胸前。

附 录 A

（规范性附录）

农机安全监理证证夹式样

NY 1918—2010

附　录　B

（规范性附录）

农机安全监理证主证式样

B.1　主证正面

农机安全监理证

照片

证号＿＿＿＿＿＿＿＿＿＿＿＿

姓名＿＿＿＿＿＿　性别＿＿＿＿

单位＿＿＿＿＿＿＿＿＿＿＿＿

职务＿＿＿＿＿＿＿＿＿＿＿＿

发证日期：

B.2　主证背面

持 证 须 知

1.本证为农机安全监理人员的工作证件，盖章有效，执行公务时应随身携带本证，仅限本人使用。

2.考试员、检验员、事故处理员证件每四年审验一次，未经审验无效。

3.持证人应妥善保管证件，不得损毁或者转借他人。如有遗失及时报告发证机构，申请补发。

4.持证人退休、辞职、调离农机安全监理机构的，应当将本证交回发证机构。

5.持证人应当自觉遵守《农机安全监理人员管理规范》。

附 录 C
（规范性附录）
农机安全监理证主证和副证底纹图案式样

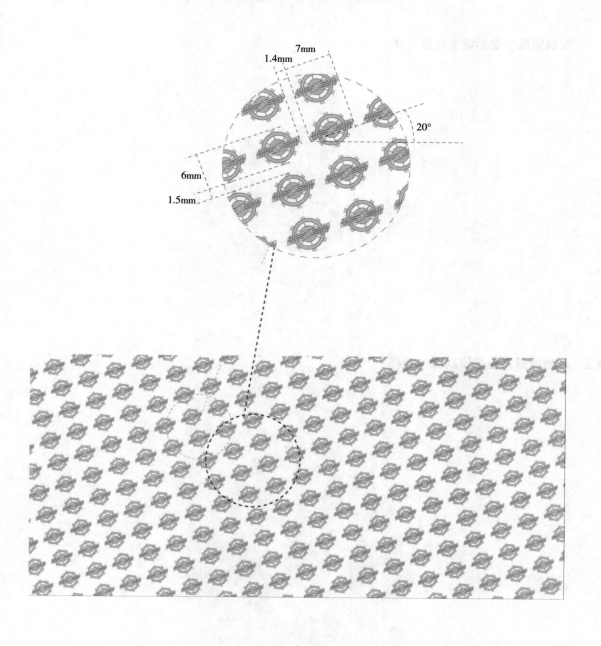

NY 1918—2010

附　录　D

（规范性附录）

农机监理行业标识式样

D.1　农机监理行业标识主标志式样

D.2　农机监理行业标识副标志式样

附 录 E
（规范性附录）
农机安全监理证检验员副证式样

E.1 检验员副证正面

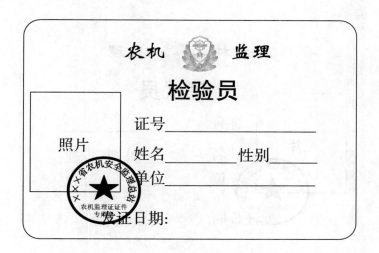

照片

农机 监理

检验员

证号_____

姓名_____性别_____

单位_____

发证日期：

E.2 检验员副证背面

证件审验记录

1	审验合格至××××年××月有效
2	
3	
4	

NY 1918—2010

附 录 F
（规范性附录）
农机安全监理证考试员副证式样

F.1 考试员副证正面

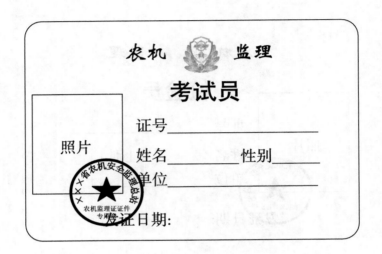

F.2 考试员副证背面

证件审验记录

1	审验合格至×××>年××月有效
2	
3	
4	

附 录 G

（规范性附录）

农机安全监理证事故处理员副证式样

G.1 事故处理员副证正面

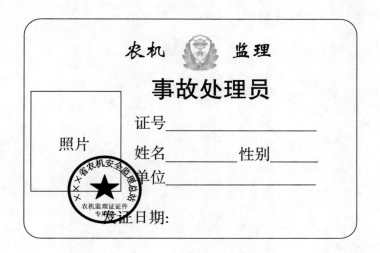

G.2 事故处理员副证背面

证件审验记录

1	审验合格至××××年××月有效
2	
3	
4	

ICS 65.060
B 90

中华人民共和国农业行业标准

NY/T 1766—2009

农业机械化统计基础指标

Fundamental criteria for statistics of agricultural mechanization

2009-04-23 发布　　　　　　　　　　　　　　2009-05-20 实施

中华人民共和国农业部 发布

NY/T 1766—2009

前　言

本标准由中华人民共和国农业部提出。

本标准由全国农业机械标准化技术委员会农业机械化分技术委员会归口。

本标准起草单位：农业部农业机械化管理司、农业部农业机械试验鉴定总站、山东省农业机械管理办公室、江苏省农业机械管理局、中国一拖集团有限公司。

本标准主要起草人：梅成建、何丽虹、姚春生、吴迪、盖致富、薛宇亮、王俊杰、郑莉、崔孟河、邹沛。

农业机械化统计基础指标

1 范围

本标准规定了农业机械化管理统计的基础指标。

本标准适用于农业机械化管理统计工作。采用本标准时,可以根据实际需要将指标进一步细化。

2 术语和定义

下列术语和定义适用于本标准。

2.1

农业机械化统计基础指标 fundamental criteria for statistics of agricultural mechanization

农业机械化管理统计调查中直接采集的描述农业机械化发展状况的项目指标。

2.2

农业机械 agricultural machinery

用于农业(包括畜牧业、渔业)生产及其产品初加工等相关农事活动的机械、设备。

2.3

农业机械拥有量 agricultural machinery holding

统计期末农业机械拥有的数量,包括封存、待修、在修、出租、出借、购买已提货的机械。

2.4

农业机械作业量 agricultural machinery operating quantity

统计期内农业机械完成的作业数量。

2.5

农业机械维修 agricultural machinery maintenance and repair

对农业机械进行维护和修理,使其保持、恢复正常工作能力的活动。

2.6

农业机械作业面积 agricultural machinery operating area

农业生产过程中农业机械完成某项作业的面积。

2.7

农业机械总动力 the total power of agricultural machinery

全部农业机械动力的额定功率之和。

2.8

农业机械事故 agricultural machinery accidents

各种农业机械在作业、转移和停放时,因过错或意外造成的人身伤亡或者财产损失的事故。

3 统计指标

3.1 农业机械拥有量

3.1.1 农业机械总动力

3.1.1.1 柴油发动机动力:指全部柴油发动机额定功率之和。

3.1.1.2 汽油发动机动力:指全部汽油发动机额定功率之和。

3.1.1.3 电动机动力:指全部电动机额定功率之和。

NY/T 1766—2009

3.1.1.4 其他机械动力:指采用柴油、汽油、电力之外的其他能源机械的额定功率之和。

3.1.2 拖拉机

3.1.2.1 小型拖拉机:指发动机额定功率小于 18.38 kW 的拖拉机。

3.1.2.2 大中型拖拉机:指发动机额定功率大于等于 18.38 kW 的拖拉机。

3.1.3 种植业机械

3.1.3.1 耕整地机械

3.1.3.1.1 耕整机:指自带发动机驱动,主要用于水田、旱田耕整作业的机械,包括微耕机、田园管理机。

3.1.3.1.2 深松机:指能够在不翻动土壤、不破坏地表植被的情况下,疏松土壤、打破犁底层的耕作机械。

3.1.3.1.3 机引犁:指以拖拉机为动力,进行土壤耕翻作业的机械。

3.1.3.1.4 机引耙:指以拖拉机为动力,进行土壤破碎、疏松、混合、平整作业的机械。

3.1.3.1.5 旋耕机:指以旋转刀齿为工作部件的耕作机械。

3.1.3.1.6 其他耕整地机械。

3.1.3.2 种植施肥机械

3.1.3.2.1 播种机:指以拖拉机为动力,进行播种作业的机械,包括条播机、穴播机、精播机、异型种子播种机、小粒种子播种机、根茎类种子播种机、撒播机、免耕播种机等。

3.1.3.2.1.1 免耕播种机:指不需要进行土壤耕翻,直接进行播种作业的播种机械。

3.1.3.2.1.2 精少量播种机:指由拖拉机悬挂牵引并按规定要求进行精少量播种的机械。

3.1.3.2.2 水稻种植机械

3.1.3.2.2.1 水稻直播机:指专门用于直接进行稻种田间播种作业的机械。

3.1.3.2.2.2 水稻插秧机:指自带动力进行水稻秧苗栽插作业的机械。

3.1.3.2.2.3 水稻浅栽机:指自带动力驱动作业的水稻抛秧、摆秧的机械。

3.1.3.2.3 化肥深施机:指由拖拉机带动,进行深施化肥的机械。

3.1.3.2.4 地膜覆盖机:指由拖拉机带动,进行地膜铺放的机械。

3.1.3.2.5 其他种植施肥机械。

3.1.3.3 农用排灌机械

3.1.3.3.1 农用水泵:指农业生产中通过抽水或压水进行灌溉和排水的机械。

3.1.3.3.2 节水灌溉类机械:指运用微灌、喷灌、滴灌和渗灌技术,能够有效降低灌溉用水量的设备。

3.1.3.4 田间管理机械

3.1.3.4.1 机动喷雾(粉)机:指自带动力或与动力机械配套作业的机引式、担架式、背负式喷雾(粉)机。

3.1.3.4.2 其他田间管理机械。

3.1.3.5 收获机械

3.1.3.5.1 谷物联合收获机:指能一次完成谷物收获的切割(摘穗)、脱粒(剥皮)、分离、清选等多项工序的机械。

3.1.3.5.1.1 稻麦联合收割机:指用于小麦、水稻收获作业的联合收割机。

3.1.3.5.1.2 玉米联合收获机:指专门用于玉米收获作业的联合收获机。

3.1.3.5.2 割晒机:指一次仅能完成切割和禾秆铺放的机械。

3.1.3.5.3 青饲料收获机：指由动力机械驱动，专门用于青饲料或作物秸秆收获、粉碎，并制作青贮饲料的机械。

3.1.3.5.4 其他收获机械。

3.1.3.6 收获后处理机械

3.1.3.6.1 机动脱粒机：指由动力机械驱动专门进行农作物脱粒的作业机械。

3.1.3.6.2 谷物烘干机：指专门用于干燥谷物或种子的机械。

3.1.3.6.3 种子加工机械：指用于农作物种籽脱芒（绒）、分级、包衣、丸粒化处理的设备。

3.1.3.6.4 秸秆粉碎还田机：指由拖拉机带动，将作物秸秆粉碎后直接抛撒在地表的机械。

3.1.3.6.5 保鲜储藏设备：指农产品收获后保持其鲜活程度的储藏机械设备。

3.1.3.6.6 其他收获后处理机械。

3.1.3.7 设施农业设备

3.1.3.7.1 水稻育秧设备：指从种子处理到起秧的整套设备。

3.1.3.7.2 温室：指通过固定的棚架设施，对室内作物生长所需的温度、湿度和光照等进行控制的农业生产设施。

3.1.3.7.2.1 连栋温室：指温度、湿度、水肥等生长条件可控的现代化整体连栋温室。包括玻璃连栋温室、PC 板连栋温室、塑料连栋温室。

3.1.3.7.2.2 日光温室：指前坡面以塑料膜为覆盖材料并配有活动保温被，其他三面为围护墙体的温室。

3.1.3.7.2.3 塑料大棚：指以塑料薄膜为全覆盖材料的拱形单体温室。

3.1.3.7.3 其他设施农业设备。

3.1.4 农产品初加工机械

3.1.4.1 农产品初加工动力机械：指主要用于为农产品初加工作业机械提供动力的机械（包括柴油机和电动机）。

3.1.4.2 农产品初加工作业机械：指由动力机械驱动，以种植业的主、副产品为原料进行加工的作业机械。

3.1.4.2.1 粮食加工机械：指利用水稻、小麦、玉米、豆类等粮食为原料进行加工的机械。

3.1.4.2.2 油料加工机械：指以花生、油菜籽、芝麻等为原料进行油料加工的机械。

3.1.4.2.3 棉花加工机械：指棉花采摘后的清选、轧花、清花（籽）、脱绒、弹花等加工机械。

3.1.4.2.4 果蔬加工机械：指用于水果、蔬菜清洗、分级、打蜡、切片切丝、榨汁等作业的机械，以及对蔬菜和薯类等进行清洗、分级等初加工的机械。

3.1.4.2.5 茶叶加工机械：指对茶叶进行杀青、揉捻、炒（烘）干、筛选等初加工的机械。

3.1.4.2.6 其他加工机械。

3.1.5 畜牧机械

3.1.5.1 饲草料加工机械：指青贮切碎机、铡草机、揉丝机、压块机、饲料粉碎机、饲料混合机、颗粒饲料压制机、饲料膨化机等农业机械。

3.1.5.2 畜牧饲养机械：指孵化机、育雏保温伞、送料机、饮水器、清粪机（车）、鸡笼鸡架、消毒机、药浴机等农业机械。

3.1.5.3 畜产品采集加工机械设备：指挤奶机、剪毛机、贮奶罐、屠宰加工成套设备等农业机械。

3.1.6 渔业机械

3.1.6.1 水产养殖机械：指增氧机、渔用机动船、投饵机、网箱养殖设备、水体净化处理设备等农业机

NY/T 1766—2009

械。

3.1.6.2 其他渔业机械。

3.1.7 林果业机械

3.1.7.1 果业、园艺种植、管理机械:主要包括挖坑机、植树机、割灌机、除草机等。

3.1.7.2 其他林果业、园艺机械。

3.1.8 农用运输机械

3.1.8.1 三轮汽车和低速货车。

3.1.8.2 手扶变型运输机:指采用手扶拖拉机底盘,将扶手把改为方向盘,与车厢连在一起组成的拖拉机。

3.1.8.3 农用挂车:指拖拉机挂车。

3.1.8.4 其他农用运输机械。

3.1.9 农田基本建设机械

3.1.9.1 推土机:指自带动力并配有推土铲,专门用于推土作业的机械。

3.1.9.2 挖掘机:指自带动力并配有挖掘铲,专门用于挖掘土石方的机械。

3.1.9.3 平地机:指与行走机械配套,专门用于土地平整的机械。

3.1.9.4 装载机:指自带动力并配有铲斗,专门用于装载土石方的机械。

3.1.9.5 开沟机:指由动力机械驱动,专门用于开灌溉渠或排水沟的机械。

3.1.9.6 其他农田基本建设机械。

3.1.10 农用飞机

指专门在农业生产中用于播种、植保等作业的飞机。

3.1.11 农业机械原值和净值

3.1.11.1 农业机械原值:以货币表现的农业机械拥有量,指购买和安装农业机械时所实际支付的金额,以及以后进行各项改造时所增加的价值的合计。

3.1.11.2 农业机械净值:指农业机械原值扣除累计折旧后的余额。

3.2 农业机械作业量

3.2.1 机耕面积

指使用动力机械耕翻或旋耕、深松的农作物面积。

3.2.1.1 机械深耕面积:指深度在 25 cm(包括 25 cm)以上的机耕作业面积。

3.2.1.2 机械深松面积:指深度在 25 cm(包括 25 cm)以上的机松作业面积。

3.2.2 机播面积

指使用种植机械进行播种、栽插各种农作物的作业面积。

3.2.2.1 机械化免耕播种面积:指不进行土壤耕翻,用免耕播种机进行播种作业的面积。

3.2.2.2 精少量播种面积:指当年按照精少量播种对播种量的要求,使用精少量播种机械进行播种作业的面积。

3.2.3 机电灌溉面积

指使用机灌和电灌的耕地面积。

3.2.4 机械植保面积

指使用植保机械防治农作物病虫害和杂草的作物面积。

3.2.5 机收面积

指用收获机械收获各种农作物的面积。

3.2.6 保护性耕作面积

指在地表有秸秆覆盖或留茬情况下,直接播种或少耕后播种的耕地面积。

3.2.7 机械铺膜面积

指用机引铺膜机为农作物铺塑料薄膜的作业面积。

3.2.8 机械深施化肥面积

指用化肥深施机械,按照规定要求的深度,对农作物深施化肥的作业面积。

3.2.9 机械化秸秆还田面积

指用机械将农作物秸秆粉碎后或整株深埋直接还田的作业面积。

3.2.10 节水灌溉面积

指在农田作物播种及田间管理环节,利用节水灌溉设备进行节水灌溉的作物面积。

3.2.11 机械脱粒粮食量

指用联合收割机、机动脱粒机、动力打稻机以及拖拉机或其他动力机械碾压(打场)等脱粒的粮食重量。

3.2.12 机械烘干粮食量

指利用谷物烘干机等热源设备进行干燥处理前的粮食重量。

3.2.13 机械初加工农产品量

指用各种农产品初加工机械加工农产品的重量。

3.2.14 农业机械运输作业量

指当年利用各种农业运输机械进行田间作业运输、公路运输和水路运输的总吨公里数。

3.2.15 机械播种牧草面积

指当年使用牧草播种机播种牧草的作业面积。

3.2.16 机械收获牧草数量

指当年使用牧草收获机收获牧草的数量。

3.2.17 秸秆捡拾打捆面积

指当年使用秸秆捡拾打捆机进行秸秆捡拾打捆作业的面积。

3.2.18 机械化饲草料加工量

指使用各种饲草料加工机械加工物料的重量。

3.2.19 机械化青贮饲料量

指通过机械收获粉碎后氨化调质贮存的农作物秸秆和其他用于青贮的作物的重量。

3.2.20 农田基本建设作业量

指当年使用挖掘机、推土机、装载机、平地机等进行农田基本建设的作业的量。

3.2.21 农用飞机作业面积

指用农用飞机进行播种、植保等作业面积。

3.2.22 农业机械跨区作业面积

指跨越县级以上行政区域进行作业服务的农业机械完成的作业面积,不包括在本县内作业的面积。

3.3 农业机械化投入情况

3.3.1 财政投入

指各级财政下达农业机械管理部门用于农业机械化事业发展的行政经费和事业经费、专项资金、预算外资金等。

3.3.1.1 农业机械购置补贴投入:指各级财政下达农业机械管理部门专门用于补助农民和农业生产组织购买农业机械的资金。

3.3.2 单位和集体组织投入
指农业生产单位和农业机械化企事业单位用于农业机械化的投入。

3.3.3 农民个人投入
指农民个人用于农业机械购置、配套设施建设及培训等投入。

3.3.4 其他投入
指除财政、单位、农民个人投入之外的捐助、援助等资金投入。

3.3.5 行政事业支出
指用于农业机械化行政事业单位机构及人员的办公费用。

3.3.6 基础设施建设支出
指用于农业机械化基础设施建设的资金。

3.3.7 农业机械购置支出
指除基本建设、科研、推广培训等项目之外用于购置农业机械的费用支出。

3.3.8 科研推广培训支出
指用于农机具研制、技术推广、示范演示及专项的人员培训等费用。

3.3.9 农业机械作业实际耗油量
指所有农业机械作业过程中实际消耗的柴油和汽油数量。

3.4 农业机械化经营效益

3.4.1 总收入
指各类农业机械化生产经营服务单位和农机户从事农业机械化相关活动的全部收入。

3.4.1.1 农业机械作业收入：指当年使用各种农业机械从事作业服务所取得的全部收入。

3.4.1.1.1 田间作业收入：指利用各种农业机械从事农田作业服务所取得的收入。

3.4.1.1.2 农产品初加工作业收入：指当年使用农产品初加工机械从事农产品初加工作业所取得的收入。

3.4.1.1.3 农业机械运输收入：指当年利用各种农业运输机械从事运输作业的全部收入。

3.4.1.2 农业机械维修收入：指农业机械维修网点从事农业机械维修的全部收入。

3.4.1.3 其他收入：指当年利用农业机械开展上述经营业务之外的各项收入。

3.4.2 总支出
指各类农业机械化生产经营服务单位和农机户在生产经营服务活动中所支付的所有费用。

3.4.3 总利润
指各类农业机械化生产经营服务单位和农机户开展生产经营服务活动的总收入减去总支出后的差额。

3.5 农业机械化培训、维修、推广鉴定情况

3.5.1 培训农机人员数
指农业机械化教育培训机构按照有关规定要求进行培训，当年结业的非国家统一招生的农机人员总数。

3.5.2 农业机械职业技能鉴定人数
指经考核合格取得国家职业资格证书的人数。

3.5.3 农业机械维修网点审定量
指经农机主管部门审定发放证书的农机维修网点数量。

3.5.4 农业机械维修量
指农业机械维修网点年内维修各种农业机械的数量。

3.5.5 农机推广鉴定发证量

　　指当年经省级以上农机鉴定机构按农机产品推广鉴定大纲鉴定合格所发证书的数量。

3.5.6 受理农机投诉数量

　　指农业机械投诉站受理的农机用户对农业机械产品质量和服务质量投诉的数量。

3.6 农业机械安全监理

3.6.1 农业机械事故

3.6.1.1 特别重大事故:指造成 30 人以上死亡,或者 100 人以上重伤的事故。

3.6.1.2 重大事故:指造成 10 人以上 30 人以下死亡,或者 50 人以上 100 人以下重伤的事故。

3.6.1.3 较大事故:指造成 3 人以上 10 人以下死亡,或者 10 人以上 50 人以下重伤的事故。

3.6.1.4 一般事故:指造成 3 人以下死亡,或者 10 人以下重伤的事故。

3.6.2 事故损失

3.6.2.1 死亡人数:指各种农业机械事故造成的人员死亡总数。

3.6.2.2 重伤人数:指各种农业机械事故中人身健康受到重大伤害但没有死亡的人员总数。

3.6.2.3 直接经济损失:指农机事故现场造成的直接经济损失,包括农业机械和有关物资的损失,以及牲畜伤亡的折价费等。

3.6.3 事故主要原因

3.6.3.1 操作失当事故:指由于疏忽、判断错误导致采取措施不当造成的事故。

3.6.3.2 机件失灵事故:指因机件磨损、断裂、调整不当和安全防护装置不全等原因引起的事故。

3.6.3.3 酒后驾驶事故:指饮酒、醉酒后驾驶农业机械造成的事故。

3.6.3.4 违法载人事故:指因违反交通法规和农业机械安全法规载人造成的事故。

3.6.3.5 超速超载事故:指因超过法定速度行驶或超过农业机械设计规定的载质量造成的事故。

3.6.3.6 其他:指上述原因外,其他原因造成的事故次数。

3.6.4 农业机械登记注册量

　　指经农业机械监理部门检验合格并登记注册核发的拖拉机、联合收割机有效牌证数量。

3.6.5 农业机械驾驶操作人注册登记量

　　指经农业机械监理部门考核合格并注册登记核发的拖拉机、联合收割机等农业机械驾驶证(操作证)的数量。

3.7 农业机械化系统机构与人员

3.7.1 农业机械化管理机构

　　指经各级政府授权,对辖区内农机化事业负有政策制定、检查监督、规划计划、组织建设、宏观调控、信息收集汇总与传递等管理职能的机构。

3.7.2 农业机械化教育、培训机构

　　指经有关部门批准设立的由农业机械化管理部门归口管理的教育培训机构。

3.7.3 农业机械化科研机构

　　指对农业机械化软科学和农业机械进行研究、开发的专门机构。

3.7.4 农业机械试验鉴定机构

　　指对农业机械产品进行试验、鉴定的专门机构。

3.7.5 农业机械化技术推广机构

　　指对农业机械化技术及农机具进行示范推广的专门机构。

3.7.6 农业机械安全监理机构

NY/T 1766—2009

指经授权负责农业机械安全监理执法工作的机构。

3.7.7 农业机械产品质量投诉监督站

指经授权负责组织处理农业机械用户对农业机械产品质量和服务投诉工作的机构。

3.7.8 农业机械职业技能鉴定站

指经授权负责进行农业机械职业技能鉴定的机构。

3.8 农业机械化服务组织与人员

3.8.1 农业机械作业服务组织

指具有一定规模、规章制度和活动场所，从事各种农业机械化作业服务的单位或实体。

3.8.2 农机户

指拥有或租赁动力 2 kW 以上(含 2 kW)农业机械的农户。

农机化作业服务专业户:指用农业机械为农业生产提供作业服务的收入占全家收入 60% 以上的农户。

3.8.3 农机化中介服务组织

指为农机户、农机作业服务组织等提供组织、协调、信息、咨询等服务的中间性组织。

3.8.4 农业机械维修网点

指从事农业机械维修的维修厂、维修车间、维修门市部和主要从事农业机械维修的个体户。

3.8.5 拖拉机驾驶培训机构

指获得《中华人民共和国拖拉机驾驶培训许可证》的拖拉机驾驶培训学校及培训班。

3.8.6 乡村农机从业人员

指县以下(不含县)从事农业机械化作业、维修、经营和服务的人员。

3.8.7 其他农业机械化服务组织与人员。

ICS 65.060.01
B 90

中华人民共和国农业行业标准

NY/T 1829—2009

农业机械化管理统计规范

Statistics specifications for management of agricultural mechanization

2009-12-22 发布　　　　　　　　　　　　2010-02-01 实施

中华人民共和国农业部 发布

NY/T 1829—2009

前　言

本标准由农业部农业机械化管理司提出。

本标准由全国农业机械标准化技术委员会农业机械化分技术委员会归口。

本标准起草单位：农业部农业机械化管理司、农业部农业机械试验鉴定总站、山东省农业机械管理办公室、江苏省农业机械管理局、陕西省农业机械管理局。

本标准主要起草人：梅成建、姚春生、何丽虹、吴迪、盖致富、王俊杰、郑莉、杨永胜、王莉。

NY/T 1829—2009

农业机械化管理统计规范

1 范围

本标准规定了农业机械化管理统计的原则、机构和人员、报表制度、数据收集和处理、资料保密和归档。

本标准适用于农业机械化管理统计工作。

2 规范性引用文件

下列文件中的条款通过本标准的引用而成为本标准的条款。凡是注日期的引用文件,其随后所有的修改单(不包括勘误的内容)或修订版均不适用于本标准,然而,鼓励根据本标准达成协议的各方研究是否可使用这些文件的最新版本。凡是不注日期的引用文件,其最新版本适用于本标准。

NY/T 1766 农业机械化统计基础指标

3 总则

3.1 农业机械化管理统计依照农业机械化管理统计报表制度进行。

3.2 统计机构应依法独立行使统计职权。

3.3 统计结果应客观、真实。

3.4 统计数据应可追溯。

4 统计机构

4.1 各级农业机械化管理部门的统计机构,负责辖区内的农业机械化管理统计工作。

4.2 农业机械化统计机构的职责包括:
   a) 贯彻执行有关统计的法律、法规;
   b) 制订农业机械化管理统计工作规划;
   c) 制订农业机械化管理统计报表制度和调查方案,并组织实施;
   d) 农业机械化管理统计资料管理;
   e) 农业机械化管理统计分析、统计预测和统计咨询;
   f) 组织开展农业机械化管理统计研究。

4.3 农业机械化统计机构应具备统计工作所必需的基本条件,包括:
   a) 满足工作要求的场所;
   b) 计算机及信息传输设备;
   c) 农业机械化管理统计软件;
   d) 适宜的统计人员;
   e) 其他基本条件。

4.4 农业机械化统计机构应建立完整的农业机械化统计信息管理系统,包括调查项目、调查对象等内容。

4.5 农业机械化统计机构应建立统计数据质量监控与评估制度、检查监督制度,加强对统计过程的控制。

NY/T 1829—2009

5 统计人员

5.1 基于适当的教育、培训和技能,具有《统计从业资格证书》。

5.2 具有诚信、保守秘密和谨慎的品质。

5.3 具有真实、客观统计的义务。

6 统计报表制度

6.1 农业机械化管理统计报表制度的内容包括统计表式、统计指标、调查对象、调查范围、调查方法、调查频率、统计分析等。

6.2 农业机械化管理统计报表制度根据需要进行修订,并备案。制、修订应符合下列原则:

    a) 应与国家统计部门的有关规定一致;

    b) 指标设置应满足 NY/T 1766 的要求,根据实际需要可以对农业机械化统计基础指标进行补充;

    c) 具有可操作性;

    d) 有利于实现统计信息化。

7 统计数据收集和处理

7.1 数据收集和处理实行层级负责制,统计数据按规定程序审批逐级上报。

7.2 数据收集可采取全面调查、抽样调查、重点调查等统计方法。

7.3 数据按同一统计时点收集。数据收集应及时、全面。

7.4 收集到的数据应及时审核、分析、汇总,发现异常数据应及时追溯、纠正。

7.5 县、乡两级应当建立统计台账,保留原始记录。

8 统计资料保密和归档

8.1 统计数据在正式发布前,任何机构和个人不得对外提供和使用。

8.2 统计资料应按规定归档,永久保存。

8.3 属于国家秘密和商业秘密的统计资料,按《中华人民共和国保密法》的规定执行。

8.4 属于私人、家庭的调查资料,未经本人同意,不得泄露。

ICS 65.060.10
T 60

中华人民共和国农业行业标准

NY/T 1830—2009

拖拉机和联合收割机安全监理
检验技术规范

Technical specifications for safety supervision inspection of tractor and
combine-harvester

2009-12-22 发布

2010-02-01 实施

中华人民共和国农业部 发布

NY/T 1830—2009

前　言

本标准的附录 A、附录 B、附录 D、附录 E、附录 F、附录 G、附录 H 和附录 I 为资料性附录，附录 C 为规范性附录。

本标准由农业部农业机械化管理司提出并归口。

本标准负责起草单位：农业部农机监理总站。

本标准参加起草单位：中国农业大学、山东省农业机械安全监理站、河北省农机安全监理总站、江苏省农机安全监理所、广东省农机鉴定站、石家庄华燕交通科技有限公司、山东科大微机应用研究所有限公司。

本标准主要起草人：丁翔文、涂志强、姚海、王超、毛恩荣、刘兆清、王素英、蔡勇、冼干明、陈南峰、曲明。

拖拉机和联合收割机安全监理检验技术规范

1 范围

本标准规定了拖拉机和联合收割机安全检验的流程、项目和方法。

本标准适用于国家规定需登记管理的拖拉机和联合收割机的注册登记检验和年度检验。

2 规范性引用文件

下列文件中的条款通过本标准的引用而成为本标准的条款。凡是注日期的引用文件,其随后所有的修改单(不包括勘误的内容)或修订版均不适用于本标准,然而,鼓励根据本标准达成协议的各方研究是否可使用这些文件的最新版本。凡是不注日期的引用文件,其最新版本适用于本标准。

GB 3847　车用压燃式发动机和压燃式发动机汽车排气烟度排放限值及测量方法

GB 16151.1　农业机械运行安全技术条件　第1部分:拖拉机

GB 16151.5　农业机械运行安全技术条件　第5部分:挂车

GB 16151.12　农业机械运行安全技术条件　第12部分:谷物联合收割机

3 检验流程

3.1 拖拉机检验流程

拖拉机检验流程见图1。

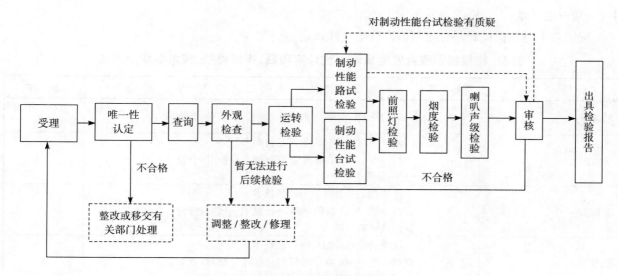

图 1　拖拉机检验流程图

3.2 联合收割机检验流程

联合收割机检验流程见图2。

NY/T 1830—2009

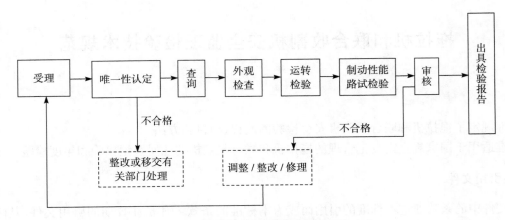

图 2　联合收割机检验流程图

4　检验项目和方法

检验设备与工具参照附录 A 选取。对于检验指标分为 A、B、C 三类。"A"为否决项;"B"注册登记检验时为否决项,年度检验时为建议维护项,对在 GB 16151—2008 标准实施后生产的拖拉机、挂车、联合收割机注册登记时按照否决项检验,其他情况按照建议维护项检验;"C"指建议维护项。

4.1　受理

拖拉机和联合收割机年度检验时,送检人应按国家法规要求提供拖拉机的行驶证(注册登记检验时提供购机发票及产品技术资料)和其他有效凭证、联合收割机的行驶证(注册登记检验时提供购机发票及产品技术资料)。

4.2　唯一性认定

按照表 1 对拖拉机和联合收割机进行唯一性认定。

表 1　拖拉机和联合收割机唯一性认定项目、指标类别、技术要求及方法

项　　目	指标类别	技术要求	方　　法	备　注
号牌号码	A	应与行驶证记载资料一致	核对、查验	仅适用于年度检验
类型	A	注册登记检验时应与产品技术资料一致,年度检验时应与行驶证记载资料一致	核对、查验	
品牌型号	A	注册登记检验时应与产品技术资料一致,年度检验时应与行驶证记载资料一致	核对、查验	
机身颜色	A	注册登记检验时应与产品技术资料一致,年度检验时应与行驶证记载资料一致	核对、查验	
发动机号码	A	注册登记检验时应与产品技术资料一致,年度检验时应与行驶证记载资料一致	拓印并核对,查验有无被凿改嫌疑	
机身/机架/挂车架号	A	注册登记检验时应与产品技术资料一致,年度检验时应与行驶证记载资料一致	拓印并核对,查验有无被凿改嫌疑	
外廓尺寸	B	注册登记检验时应与产品技术资料一致,年度检验时应与注册登记记载资料一致	拖拉机需用量具测量并记录外廓尺寸,挂车还需测量并记录车箱内部尺寸	不适用于联合收割机

4.3 查询

4.3.1 查询送检拖拉机、联合收割机是否发生过事故及涉及尚未处理完毕的安全违法行为。

4.3.2 对发生过事故的送检拖拉机、联合收割机，应根据事故时拖拉机、联合收割机的损伤部位和损伤情况确定需重点检查的部位和项目。

4.3.3 对涉及尚未处理完毕安全违法行为的拖拉机、联合收割机，应提醒送检人尽快处理，在检验报告中备注说明。

4.4 安全检验

4.4.1 外观检查

在发动机未启动状态下，按照表2对拖拉机和联合收割机进行目测检查。

表 2　拖拉机联合收割机外观检查项目、指标类别、技术要求及方法

项　目		指标类别	技术要求	方　法	备　注
整机	系统部件	A	各系统相应部件和各部位应无明显变形、破裂、渗漏及连接松动等现象	目测检查	
	零部件	A	各零部件、仪表、铅封等应齐备完好，无影响安全的改装	目测检查	
	防护装置	A	风扇、皮带轮（含飞轮皮带轮）、飞轮、动力输出轴等安全防护装置应完好有效	目测检查	
	警示标志	B	易发生危险的部位安全警示标志应完好；应配备警告标志牌	目测检查	
	反光标识	A	反射器或反光标贴应完好	目测检查	
	灭火器	B	应配备灭火器	目测检查	仅适用于大中型拖拉机和联合收割机
	号牌座	B	号牌座应完好	目测检查	
	后视镜	B	后视镜应完好	目测检查	
	粮箱	C	粮箱的分配螺旋输送器应有防护装置	目测检查	
	报警器	C	联合收割机逐稿器后装有切碎器时，应有茎秆堵塞报警器	目测检查	
	挂车放大牌号	A	挂车后部应按有关规定喷涂放大牌号	目测检查	
	挂车防护网	A	全挂挂车的车厢底部至地面距离大于800 mm时，应在前后轮间外侧装置防护网（架）；但本身结构已能防止行人和骑车人等卷入的除外	目测检查	
机架（挂车架）及行走系	机架	A	机架（挂车架）应完整，无变形、无裂纹、无严重锈蚀现象，螺栓和铆钉应无缺少和明显松动现象	目测检查	
	前、后桥	A	前、后桥应无影响安全的变形和裂纹	目测检查	
	发动机支架	A	发动机支架应无裂纹	目测检查	
	燃料箱	A	燃料箱应固定可靠，燃料箱盖应完好	目测检查	
	排气管	C	排气管消音器和隔热防护装置应完好	目测检查	
	轮胎	A	同轴两侧应装用同一型号、规格轮胎	目测检查	
	胎面	A	轮胎的胎面、胎壁应无长度超过25 mm或深度足以暴露出轮胎帘布层的破裂和割伤及其他影响使用的缺损、异常磨损和变形	目测检查	
	车轮	A	轮毂、轮辋、辐板、锁圈应无明显裂纹、无影响安全的变形	目测检查	
	履带	C	履带应无明显裂纹、无影响安全的变形；驱动轮、履带、导轨等部件应无顶齿及脱轨现象	目测检查	

NY/T 1830—2009

表2（续）

项 目		指标类别	技术要求	方 法	备 注
照明及电器	照明灯具	A	齐全完好	目测检查	
	电器导线	C	电器导线均应捆扎成束，固定卡紧，接头牢靠并有绝缘封套	目测检查	

4.4.2 运转检验

启动发动机，在机械运转状态下，按照表3对拖拉机和联合收割机进行目测和运转检查。

表3　拖拉机联合收割机运转检查项目、指标类别、技术要求及方法

项 目		指标类别	技术要求	方 法	备 注
发动机	启动性能	A	发动机应能正常启动；通过熄火装置应能迅速熄火	启动发动机，目测和运转检查	
	运转性能	C	急速及最高空转转速正常，运转平稳，无异响；应无漏油、漏水和漏气现象	启动发动机，目测和运转检查	
操纵照明信号装置	仪表	A	各种仪表工作正常	启动发动机，目测和运转检查	
	刮水器	C	刮水器灵敏有效	开启刮水器，目测和运转检查	
	灯具及开关	C	灯具工作正常，开关安装牢靠，开关自如	开启灯具，目测和运转检查	
	信号装置	B	信号装置齐全有效	开启信号装置，目测和运转检查	
	操纵部件	A	操纵手柄、踏板等应工作正常	目测和运转检查	
转向系	转向各部件	A	检查转向垂臂、转向节臂及其纵、横拉杆联结可靠不变形，球头间隙及前轮轴承间隙适当，不应有松旷现象	目测和运转检查	
	转向盘	A	最大自由转动量应不大于30°；转向不应沉重	检查转向盘的最大自由转动量是否符合要求及行驶时转向是否沉重，必要时应用转向盘转向力—转向角检测仪检测	
	直线行驶能力	B	应保持直线行驶，不应有摆动、抖动、跑偏及其他异常现象	行驶过程中，检验拖拉机、联合收割机保持直线行驶的能力	
传动系	离合器	B	离合器分离彻底、接合平稳，不打滑，不抖动	运转检查	
	变速箱	B	换挡操纵应平顺，不乱挡，不跳挡，不脱挡	运转检查	
	运转部件	C	分动器、驱动桥、动力输出轴装置运转正常，无异响	运转检查	
制动系	制动器	A	制动器工作应平稳、灵敏、可靠，无跑偏现象	以5 km/h～15 km/h的速度正直行驶，双手轻扶转向盘，急踩制动踏板后迅速松开	
液压及牵引装置	牵引装置	A	牵引装置牢固，各限位链、安全链、插销、锁销应齐全完好	目测和运转检查	
	液压系统	C	液压系统应工作平稳，定位及回位正常	目测和运转检查	

表3（续）

项 目		指标类别	技术要求	方 法	备 注
液压及牵引装置	液压管路	A	在最高压力下,元件和管路联结处或机件和管路结合处,均不应有泄露现象,无异常的噪声、管道振动和升温现象	目测和运转检查	
	锁定装置	A	锁定装置应工作正常,可靠有效	目测和运转检查	

4.4.3 制动性能检验

4.4.3.1 台试检验

按照表4对拖拉机行车制动性能进行台试检验。

表4 拖拉机制动性能台试检查项目、指标类别、技术要求及方法

项 目	指标类别	技术要求	方 法	备 注
轴制动率	A	测得的该轴左右车轮最大制动力之和与该轴轴荷之百分比应不小于60%	空载,乘坐一名驾驶员,用制动检测台参照附录B测量,并按照附录C计算各轴制动率	只针对有制动器的轴进行评价;用平板制动检验台检验时应按动态轴荷计算
轴制动不平衡率	A	在制动力增长全过程中同时测得的左右轮制动力差的最大值,与全过程中测得的该轴左右轮最大制动力中大者之比,对于前轴应不大于20%,对于后轴(或其他轴)应不大于24%	空载,乘坐一名驾驶员,用制动检测台参照附录B测量,并按照附录C计算各轴制动不平衡率	
整机制动率	A	测得的各轮最大制动力之和与该机各轴(静态)轴荷之和之百分比,手扶拖拉机运输机组及手扶变型运输机应不小于35%,轮式拖拉机及运输机组应不小于60%	空载,乘坐一名驾驶员,用制动检测台参照附录B测量,并按照附录C计算整机制动率	前轴无制动功能的轮式拖拉机及运输机组的制动力总和与整机轴荷的百分比不计算前轴制动力和前轴轴荷
注:当拖拉机经台试检验后对其制动性能有质疑时,应采用路试检验进行复检,并以路试结果为准。				

4.4.3.2 路试检验

按照表5和表6对拖拉机和联合收割机的行车制动性能进行路试检验。

表5 拖拉机制动性能路试检验项目、指标类别、技术要求及方法

项 目	指标类别	技术要求	方 法	备注
行车制动距离	A	手扶拖拉机运输机组空载制动距离应不大于3.2 m,轮式拖拉机空载制动距离应不大于6.4 m	在平坦、干燥和清洁的硬路面(轮胎与路面之间的附着系数应不小于0.7)上,按照GB 16151.1的规定划出试车道的边线,被测拖拉机沿着试车道的中线行驶,可使用便携式制动性能测试仪(或五轮仪、非接触式速度仪)测试,行驶至20 km/h(手扶拖拉机运输机组15 km/h)时,置变速器于空挡,急踩制动,使拖拉机停止,测量制动距离,并检查拖拉机有无驶出车道边线	
行车制动稳定性		路试制动过程中,拖拉机的任何部位不应超出试车道宽度,手扶拖拉机试车道宽度为2.3 m,轮式拖拉机试车道宽度为3.0 m		

NY/T 1830—2009

表 6 联合收割机制动性能路试检验项目、指标类别、技术要求及方法

项　　目	指标类别	技术要求	方　　法	备注
行车制动距离	A	方向盘式联合收割机制动器制动距离不大于 9 m	在平坦、干燥和清洁的硬路面(轮胎与路面之间的附着系数应不小于 0.7)上,可使用便携式制动性能测试仪(或五轮仪、非接触式速度仪)测试,方向盘式联合收割机行驶至 20 km/h(低于 20 km/h 的按该机最高速度)时,置变速器于空挡,急踩制动,使联合收割机停止,测量制动距离,并检查联合收割机停止时后轮是否跳起	操纵杆式联合收割机不进行行车制动检验
行车制动稳定性		方向盘式联合收割机停止时后轮不应跳起		

4.4.4 前照灯性能检验

按照表 7 对拖拉机前照灯性能进行检验。

表 7 前照灯性能检验项目、指标类别、技术要求及方法

项　　目	指标类别	技术要求	方　　法	备注
远光发光强度	A	注册登记检验时,标定功率大于 18 kW 两灯制的大于 8 000 cd,标定功率不大于 18 kW 的大于 6 000 cd;年度检验时,标定功率大于 18 kW 两灯制的大于 6 000 cd,标定功率不大于 18 kW 的大于 5 000 cd	用前照灯检测仪器参照附录 D 测量拖拉机远光发光强度	
近光照射位置	B	前照灯照射在距离 10 m 的屏幕上时,近光光束中点的离地高度不允许大于 0.7 H(H 为前照灯基准中心高度)。近光光束水平方向位置向右偏移不允许超过 350 mm,不允许向左偏移	用前照灯检测仪器参照附录 D 测量并计算拖拉机近光照射位置	

4.4.5 烟度检验

该项目指标类别为"B"。拖拉机烟度检验时,用滤纸式烟度计参照附录 E 测量。排气烟度值注册登记检验时应不大于 5.0 Rb;年度检验时应不大于 6.0 Rb。

4.4.6 喇叭声级检验

该项目指标类别为"B"。轮式拖拉机喇叭声级检验时,用声级计参照附录 F 测量。喇叭声级值应在 90 dB(A)~115 dB(A)之间。

5 审核和出具检验报告

5.1 检测结果按照 GB 16151.1、GB 16151.5、GB 16151.12 标准进行判定。制动性能台试检验、前照灯检验、烟度检验、喇叭声级检验数据应通过计算机存储及判断,唯一性认定、外观检查、运转检验、制动性能路试检验等工位的检验结果,按照表 1、表 2、表 3、表 5 和表 6 的规定进行判定,并将判定结果记录在《拖拉机联合收割机安全技术检验记录单》(附录 G)上。

5.2 拖拉机外观检查、运转检验等工位的不合格项目及制动性能路试检验、制动性能台试检验、前照灯检验、烟度检验、喇叭声级检验项目的检验数据和检验结果应打印在《拖拉机安全技术检验报告》(附录 H)上;联合收割机外观检查、运转检验等工位的不合格项目及路试检验数据和检验结果应打印在《联合收割机安全技术检验报告》(附录 I)上。

5.3 授权签字人对检验数据应认真分析,按照新注册登记检验和年度检验区别处置,根据检验类型对检验结果逐项确认,并签署整机检验评判结论。评判结论分为合格、合格(建议维护)、不合格三类。

5.3.1 送检拖拉机、联合收割机所有检验项目的检验结果均合格的,评判结论为合格;

5.3.2　在注册登记检验时,送检拖拉机、联合收割机检验项目中,所有"A"类项目和"B"类项目的检验结果均合格,检验结果为不合格的"C"类项目小于等于8项的,评判结论为合格(建议维护);

5.3.3　在年度检验时,送检拖拉机、联合收割机检验项目中,所有"A"类项目的检验结果均合格,检验结果为不合格的"B"类项目和"C"类项目小于等于8项的,评判结论为合格(建议维护);

5.3.4　在注册登记检验时,送检拖拉机、联合收割机检验项目中,有任一"A"类项目和"B"类项目的检验结果不合格,或检验结果为不合格的"C"类项目多于8项的,评判结论为不合格。

5.3.5　在年度检验时,送检拖拉机、联合收割机检验项目中,有任一"A"类项目的检验结果不合格,或检验结果为不合格的"B"类项目和"C"类项目多于8项的,评判结论为不合格。

5.4　检验报告评判结论为"合格(建议维护)"时,送检人应在检验报告上签字,拖拉机、联合收割机所有人应及时调修建议维护项目。

NY/T 1830—2009

附 录 A

（资料性附录）

检验设备及工具

检验项目	检验设备及工具	备 注
唯一性认定	钢卷尺、照明灯	检验设备应满足量程、精度需要，经计量监督部门标定，并在有效期内，也可选用同等效能的其他设备、仪器
外观检查	钢卷尺、轮胎花纹深度计、轮胎气压表	
运转检验	转向力—转向角检测仪	
制动性能台试检验	滚筒反力式检验台或平板式制动检验台、制动踏板力计	
制动性能路试检验	钢卷尺（20 m）、便携式制动性能测试仪、五轮仪或非接触式速度仪	
前照灯检验	自动式前照灯检测仪或手动式前照灯检测仪	
烟度检验	滤纸式烟度计	
喇叭声级检验	声级计	

附　录　B
（资料性附录）
拖拉机制动性能台试测量方法

B.1　检验前准备

B.1.1　气压制动的拖拉机，贮气筒压力应能保证各轴制动力测试完毕时，气压仍不低于起步气压（未标起步气压者，按 400 kPa 计）；

B.1.2　液压制动的拖拉机，在运转检验过程中，如发现踏板沉重，应将踏板力计装在制动踏板上。

B.2　用滚筒反力式制动检验台检验

B.2.1　被检拖拉机正直居中行驶，各轴依次停放在轴重仪上，分别测出静态轴荷；

B.2.2　被检拖拉机正直居中行驶，将被测试车轮停放在滚筒上，变速器置于空挡，起动滚筒电机，在 2 s 后开始测试；

B.2.3　检验员按指示（或按厂家规定的速率）将制动踏板踩到底（或在装踏板力计时踩到制动性能检验时规定的制动踏板力），测得左右车轮制动力增长全过程的数值及左右车轮最大制动力，并依次测试各车轴。按附录 C.1 规定计算各轴制动率、轴制动不平衡率（左右轮制动力差百分比）和整机制动率等指标；

B.2.4　为防止被检拖拉机在滚筒反力式制动检验台上后移，可在非测试车轮后方垫三角垫块或采取整机牵引的方法。

B.3　用平板式制动检验台检验

B.3.1　将被检拖拉机以 5 km/h～10 km/h 的速度驶上检测台；

B.3.2　当被测试车轮均驶上检测台平板时，急踩制动，使拖拉机停止在平板测试区，测得各轮的动态轴荷、静态轴荷、最大轮制动力等数值；

B.3.3　按照附录 C.2 规定计算各轴的制动率、轴制动不平衡率（左右轮制动力差百分比）和整机制动率等指标；

B.3.4　如拖拉机制动停止时被测轮处于平板测试区之外，则此次制动测试无效，应重新测试。

NY/T 1830—2009

附　录　C

（规范性附录）

制动性能参数计算方法

C.1　用滚筒反力式制动检验台检验时

C.1.1　轴制动率为测得的该轴左右车轮最大制动力之和与该轴（静态）轴荷之百分比。

C.1.2　以同轴左右轮任一车轮产生抱死滑移或左、右轮两个车轮均达到最大制动力时为取值终点，取制动力增长过程中测得的同时刻左右轮制动力差最大值为左右车轮制动力差的最大值，用该值除以左右车轮最大制动力中的大值，得到轴制动不平衡率（左右轮制动力差最大值百分比）。

C.1.3　整机制动率为测得的各轮最大制动力之和与该车各轴（静态）轴荷之和之百分比。

C.2　用平板式制动检验台检验时

C.2.1　轴制动率为测得的该轴左右车轮最大制动力之和与该轴动态轴荷之百分比，动态轴荷取左右轮制动力最大时刻所分别对应的左右轮荷之和。

C.2.2　轴制动不平衡率（左右轮制动力差最大值百分比）、整机制动率等指标的计算与滚筒反力式制动检验台相同（取静态轴荷）。

附 录 D
（资料性附录）
前照灯性能测量方法

D.1 用自动式前照灯检测仪

D.1.1 拖拉机沿引导线居中行驶至规定的检测距离处停止,注意拖拉机的纵向轴线应与引导线平行,如不平行,重新停放;

D.1.2 置变速器于空挡,拖拉机电源处于充电状态,开启前照灯;

D.1.3 给自动式前照灯检测仪发出启动测量的指令,仪器自动搜寻被检前照灯,并测量其远光发光强度及近光照射位置偏移值;

D.1.4 在对并列的前照灯(四灯制前照灯)进行检验时,应将与受检灯相邻的灯遮蔽。

D.2 用手动式前照灯检测仪

D.2.1 拖拉机沿引导线行驶至规定的检测距离处停止,注意拖拉机的纵向轴线应与引导线平行,如不平行,拖拉机应重新停放,或调整前照灯检测仪受光箱的方向,使受光箱的光学中心线与拖拉机纵向轴线平行;

D.2.2 置变速器于空挡,拖拉机电源处于充电状态,开启前照灯远光灯;

D.2.3 操作仪器,使前照灯检测仪与被检前照灯对准,测量其远光发光强度及近光照射位置偏移值;

D.2.4 在对并列的前照灯(四灯制前照灯)进行检验时,应将与受检灯相邻的灯遮蔽。

NY/T 1830—2009

附　录　E
（资料性附录）
烟度测量方法

按 GB 3847 附录 K 规定，测量方法如下：

E.1　检验前准备

E.1.1　拖拉机进气系统应装有空气滤清器，排气系统应装有消声器并且不得有泄漏，柴油应符合国家标准的规定，不得另外使用燃油添加剂，发动机达到正常工作温度；

E.1.2　滤纸式烟度计的抽气泵抽气、滤纸走位、抽气泵回位、滤纸夹紧、指示器读数等工作正常，应保持管路畅通。

E.2　烟度值测定

E.2.1　安装取样探头：将取样探头固定于排气管内，插深等于 300 mm，并使其中心线与排气管轴线平行；

E.2.2　吹除积存物：自由加速工况进行 3 次，以清除排气系统中的积存物；

E.2.3　测量取样：将抽气泵开关置于油门踏板上，按自由加速工况循环测量 4 次，取后 3 次读数的算术平均值即为所测烟度值；

E.2.4　当发动机出现黑烟冒出排气管的时间和抽气泵开始抽气的时间不同步的现象时，应取最大烟度值。

附 录 F
（资料性附录）
喇叭声级测量方法

F.1 将声级计放置于距被检拖拉机前 2 m,离地高 1.2 m 处,传声器指向驾驶员位置;

F.2 声级计置于"A"级计权、"快"挡位置;

F.3 检测环境的本底噪声应小于 80 dB(A);

F.4 按响喇叭保持发声 3 s 以上,读取检测数据。

NY/T 1830—2009

附　录　G
（资料性附录）
拖拉机联合收割机安全技术检验记录单（人工检验部分）

号牌号码(编号)：　　　　　　　机械类型：　　　　　　　检验类别：□注册登记　□年度

出厂日期：　年　月　日　注册登记日期：　年　月　日　检验日期：　年　月　日

唯一性认定**					
检验内容	判　定		检验内容	判　定	
1. 号牌号码			6. 机身/机架/挂车架号		
2. 类型			7. 外廓尺寸		
3. 品牌型号			参数记录(长×宽×高)(mm)：		
4. 机身颜色			外廓尺寸：_____×_____×_____		
5. 发动机号码			车箱内部：_____×_____×_____		

外观检查						
检验项目	检验内容	判　定		检验项目	检验内容	判　定
整机	8. 系统部件**			机架(挂车架)及行走系	20. 机架**	
	9. 零部件**				21. 前、后桥**	
	10. 防护装置**				22. 发动机支架**	
	11. 警示标志*				23. 燃料箱**	
	12. 反光标识**				24. 排气管	
	13. 灭火器*				25. 轮胎**	
	14. 号牌座*				26. 胎面**	
	15. 后视镜*				27. 车轮**	
	16. 粮箱				28. 履带	
	17. 报警器			照明及电器	29. 照明灯具**	
	18. 挂车放大牌号**				30. 电器导线	
	19. 挂车防护网**			备注：		

运转检验						
检验项目	检验内容	判　定		检验项目	检验内容	判　定
发动机	31. 启动性能**			传动系	41. 离合器*	
	32. 运转性能				42. 变速箱*	
操纵照明信号装置	33. 仪表**				43. 运转部件	
	34. 刮水器			制动系	44. 制动器**	
	35. 灯具及开关			液压及牵引装置	45. 牵引装置**	
	36. 信号装置*				46. 液压系统	
	37. 操纵部件**				47. 液压管路**	
转向系	38. 转向各部件**				48. 锁定装置**	
	39. 转向盘**			备注：		
	40. 直线行驶能力*					

结论汇总	不合格否决项(打编号)	不合格建议维护项(打编号)	检验员签字
外观检查			
运转检验			

注1：报告中带"**"项在注册登记检验和年度检验中均为否决项，带"*"项仅在注册登记检验时为否决项，否决项不合格，拖拉机、联合收割机检验不合格。

注2：报告中项目判定栏及单项不合格指标后所用标含义为：√：合格；×：不合格；—：未检。

附 录 H
（资料性附录）
拖拉机安全技术检验报告

检验机构编号：×××　　　检验日期：××××××　　　检验流水号：×××　　　电话：×××××

号牌号码		所有人		机械类型	
品牌型号		机身（底盘）号		挂车架号	
发动机号码		检验类别		前照灯制	
出厂日期		注册登记日期		信息录入员	

检验项目		轴荷 kg		制动力 10 N		过程差最大差值点 10 N		轴制动率%	轴制动不平衡率%	项目判定	单项次数
		左	右	左	右	左	右				
制动性能台试检验**	一轴										
	二轴										
	挂一										
	挂二										
	整机										
	动态轴荷（左/右），kg	1轴/		2轴/		挂1/		挂2/			
前照灯检验	项目	远光发光强度**,cd		近光垂直偏移*			近光水平偏移*				
				mm/10 m	灯高比		mm/10 m				
	左灯										
	右灯										
烟度检验*,Rb			1)		2)		3)	平均值			
喇叭声级检验*,dB											
制动性能路试检验**	制动距离,m										
	稳定性										

检验项目		不合格否决项（打编号）	不合格建议维护项（打编号）	检验员签字
1	外观检查			
2	运转检验			
送检人（签字）		路试检验员（签字）		整机判定/总检次数	
检验结论		批准人（签字）		检验单位（盖章）	
备注				

注1：报告中带"**"项为否决项，带"*"项为注册登记检验时为否决项，否决项不合格，拖拉机、联合收割机检验不合格。

注2：报告中项目判定栏及单项不合格指标后所用标含义为：O：合格；×：不合格；一：未检。人工检验项目各栏中，标注为"无"则表示无不合格项。

注3：单项次数栏打印本检验周期内单项检测的次数（含初复检），以便明确该数据是第几次检测结果。总检次数栏打印本检验周期内该机总检测的次数（含初复检）。

注4：灯高比＝1＋垂直偏移量÷灯高，设垂直偏移量向上为正、向下为负。

NY/T 1830—2009

附　录　I

（资料性附录）

联合收割机安全技术检验报告

检验机构编号:×××　　　检验日期:××××××　　　检验流水号:×××　　　　电话:×××××

号牌号码			所有人		机械类型	
品牌型号			机架号		发动机号码	
检验类别			出厂日期		注册登记日期	
项目		内　容	不合格否决项（打编号）		不合格建议维护项（打编号）	
外观检查		整机				
		机架及行走系				
		照明灯具及电器导线				
运转检验		发动机				
		操纵照明信号装置				
		转向系				
		传动系				
		制动系				
		液压悬挂及牵引装置				
制动性能检验		内　容			项目判定	
	路试检验	制动距离,m				
		稳定性				
外观运转检验员（签字）			路试检验员（签字）		送检人（签字）	
检验结论			批准人（签字）		检验单位（盖章）	
备注						
注:报告中项目判定栏及单项不合格指标后所用标含义为:O:合格;×:不合格;—:未检。外观及运转检验项目各栏中,标注为"无"则表示无不合格项。						

ICS 65.060
B 92

中华人民共和国农业行业标准

NY/T 1875—2010

联合收割机禁用与报废技术条件

Prohibition and scrapping for combine-harvester

2010-05-20 发布 2010-09-01 实施

中华人民共和国农业部 发布

NY/T 1875—2010

前　言

本标准的附录 A 为规范性附录,附录 B 为资料性附录。

本标准由中华人民共和国农业部提出。

本标准由全国农业机械标准化技术委员会农业机械化分技术委员会归口。

本标准起草单位:甘肃省农业机械鉴定站、甘肃农业大学、甘肃省定西市农机推广站。

本标准主要起草人:王天辰、潘卫云、程兴田、杨钦寿、杨朝军、杨启东、顾永平。

联合收割机禁用与报废技术条件

1 范围

本标准规定了联合收割机禁用与报废的技术要求和检测方法。

本标准适用于小麦、水稻和玉米联合收割机。

2 规范性引用文件

下列文件对于本文件的应用是必不可少的。凡是注日期的引用文件，仅注日期的版本适用于本文件。凡是不注日期的引用文件，其最新版本（包括所有的修改单）适用于本文件。

GB/T 6072.1—2008 往复式内燃机 性能 第1部分:功率、燃料消耗和机油消耗的标定及试验方法 通用发动机的附加要求(ISO 3046-1:2002,IDT)

GB/T 8097 收获机械 联合收割机 试验方法

GB 10395.7 农林拖拉机和机械 安全技术要求 第7部分:联合收割机、饲料和棉花收获机(GB 10395.7-2006,ISO 4254-7:1995,MOD)

GB/T 14248 收获机械 制动性能测定方法

GB/T 21961 玉米收获机械试验方法

JB/T 6268 自走式收获机械噪声测定方法

3 术语和定义

下列术语和定义适用于本标准。

3.1

自走式联合收割机 **self-propelled combine-harvester**

自带动力和行走系统的联合收割机。

3.2

悬挂式联合收割机 **tractor-mounted combine-harvester**

悬装在拖拉机上与拖拉机组成机组的联合收割机。

3.3

禁用 **usage forbiddance**

联合收割机因技术状况不良或安全性达不到规定要求而禁止其继续使用。

3.4

报废 **discard as useless**

联合收割机因使用年限长等原因导致技术状况恶化或安全性达不到规定不宜继续使用而作废。

3.5

功率允许值 **allowable power**

在用联合收割机发动机标定工况下功率的最低限值。

3.6

燃油消耗率允许值 **allowable fuel consumption**

在用联合收割机发动机标定工况下燃油消耗率的最高限值。

NY/T 1875—2010

4 禁用技术要求

4.1 符合下列技术要求之一的自走式联合收割机应禁用。

4.1.1 实测功率修正值小于发动机功率允许值的。功率允许值按式(1)计算：

$$P_{yx} = 0.85P_{bd} \quad \cdots\cdots\cdots\cdots\cdots\cdots\cdots\cdots\cdots\cdots\cdots\cdots\cdots\cdots\cdots\cdots \quad (1)$$

式中：

P_{yx}——发动机功率允许值，单位为千瓦(kW)；

P_{bd}——发动机标定功率，单位为千瓦(kW)。

4.1.2 实测燃油消耗率修正值大于发动机燃油消耗率允许值的。燃油消耗率允许值按式(2)计算：

$$g_{yx} = 1.2g_{bd} \quad \cdots\cdots\cdots\cdots\cdots\cdots\cdots\cdots\cdots\cdots\cdots\cdots\cdots\cdots\cdots\cdots \quad (2)$$

式中：

g_{yx}——发动机燃油消耗率允许值，单位为克每千瓦时[g/(kW·h)]；

g_{bd}——发动机标定燃油消耗率，单位为克每千瓦时[g/(kW·h)]。

4.1.3 动态环境噪声和操作者操作位置处噪声大于表1中限值的。

表1 自走式联合收割机噪声限值

驾驶室形式	动态环境噪声,dB(A)	操作者操作位置处噪声 (驾驶员耳位噪声),dB(A)
封闭驾驶室		85
普通驾驶室	87	93
无驾驶室或简易驾驶室		95

4.1.4 制动性能不符合表2要求的。

表2 制动性能

型式	驻车制动性能	行车制动性能		制动稳定性
		制动初速度,km/h	制动距离,m	
轮式	在20%的纵向干硬平整坡道上可靠停驻	20（最高速度低于20km/h的为最高速度）	制动器冷态时≤6 制动器热态时≤9	减速度≤4.5 m/s² 时,后轮不应跳起
履带式	在25%的纵向干硬平整坡道上可靠停驻	/	/	/

4.1.5 总损失率和破碎率指标大于表3要求的。

表3 总损失率和破碎率指标

作物名称	指 标			
	作业条件		总损失率,%	破碎率,%
小麦	作物直立、草谷比为0.8～1.2、籽粒含水率为10%～20%、茎秆含水率为10%～25%	全喂入	3.0	3.5
		半喂入	4.0	
水稻	作物直立、草谷比为1.0～2.4、籽粒含水率为15%～28%、茎秆含水率为20%～60%		4.0	3.5
玉米	籽粒含水率为25%～30%、植株倒伏率低于5%、果穗下垂率低于15%	收果穗	5.0	2.0
		收籽粒	6.0	3.5

4.1.6 安全装置不符合 GB 10395.7。

4.2 符合4.1.5和4.1.6技术要求之一的悬挂式联合收割机应禁用。

5 报废技术要求

5.1 符合下列条件之一的联合收割机应报废。

5.1.1 自走式联合收割机使用年限超过 12 年;悬挂式联合收割机使用年限超过 10 年。

5.1.2 自走式联合收割机使用年限不足 12 年,悬挂式联合收割机使用年限不足 10 年,经过修理,技术要求仍符合 4.1 的。

5.1.3 造成严重损坏无法修复的。

5.1.4 评估大修费用大于同种新产品价格 50%的。

5.1.5 国家明令淘汰的。

6 检测方法

6.1 功率和燃油消耗率的检测

6.1.1 功率、燃油消耗率按照 GB/T 6072.1—2008 进行检测。

6.1.2 功率按式(3)修正。

$$P_{er} = \alpha P_{en} \quad \cdots\cdots\cdots\cdots\cdots\cdots\cdots\cdots\cdots\cdots\cdots (3)$$

式中:

P_{er}——实测功率修正值,单位为千瓦(kW);

α ——功率的环境修正系数(附录 A);

P_{en}——标定工况下实测功率,单位为千瓦(kW)。

6.1.3 燃油消耗率按式(4)修正。

$$g_{er} = \beta g_{en} \quad \cdots\cdots\cdots\cdots\cdots\cdots\cdots\cdots\cdots\cdots (4)$$

式中:

g_{er}——实测燃油消耗率修正值,单位为克每千瓦时[g/(kW·h)];

β ——燃油消耗率的环境修正系数;

g_{en}——标定工况下实测燃油消耗率,单位为克每千瓦时[g/(kW·h)]。

6.2 噪声按 JB/T 6268 测定。

6.3 驻车制动性能和行车制动性能按 GB/T 14248 检测。

6.4 小麦和水稻联合收割机的总损失率和破碎率按 GB/T 8097 检测;玉米联合收割机的总损失率和破碎率按 GB/T 21961 检测。

6.5 安全装置对照 GB 10395.7 检查。

NY/T 1875—2010

附　录　A
（规范性附录）
发动机功率和燃油消耗率的环境修正系数

表 A.1

海拔高度 H,m	机械效率 η	现场温度 t ℃	相对湿度 Φ,%									
			100		80		60		40		20	
			α	β	α	β	α	β	α	β	α	β
0	0.75	0	1.106	0.982	1.108	0.982	1.109	0.981	1.112	0.981	1.113	0.981
		5	1.084	0.985	1.087	0.985	1.090	0.984	1.091	0.984	1.094	0.984
		10	1.063	0.988	1.066	0.988	1.069	0.988	1.072	0.987	1.076	0.987
		15	1.040	0.993	1.043	0.992	1.049	0.991	1.052	0.991	1.055	0.990
		20	1.016	0.997	1.021	0.996	1.027	0.995	1.033	0.994	1.038	0.993
		25	0.989	1.002	0.998	1.000	1.005	0.999	1.012	0.998	1.021	0.996
		27	0.978	1.004	0.986	1.003	0.996	1.001	1.005	0.999	1.014	0.997
		30	0.961	1.008	0.971	1.006	0.982	1.003	0.992	1.002	1.002	1.000
		32	0.948	1.010	0.960	1.008	0.971	1.006	0.984	1.003	0.995	1.001
		34	0.936	1.013	0.948	1.010	0.962	1.008	0.975	1.005	0.987	1.002
		36	0.922	1.016	0.937	1.013	0.951	1.010	0.963	1.007	0.980	1.004
0	0.78	0	1.103	0.986	1.105	0.984	1.106	0.984	1.108	0.984	1.110	0.984
		5	1.082	0.988	1.084	0.987	1.087	0.987	1.088	0.987	1.091	0.986
		10	1.061	0.991	1.064	0.990	1.067	0.990	1.070	0.989	1.074	0.989
		15	1.038	0.994	1.042	0.993	1.047	0.993	1.051	0.992	1.053	0.992
		20	1.015	0.998	1.020	0.997	1.026	0.996	1.032	0.995	1.037	0.994
		25	0.989	1.002	0.998	1.000	1.005	0.991	1.012	0.998	1.021	0.997
		27	0.978	1.004	0.987	1.002	0.996	1.001	1.005	0.999	1.013	0.980
		30	0.962	1.006	0.972	1.005	0.983	1.003	0.992	1.001	1.002	1.000
		32	0.950	1.009	0.961	1.007	0.972	1.005	0.984	1.003	0.995	1.001
		34	0.938	1.011	0.950	1.009	0.963	1.006	0.976	1.004	0.988	1.002
		36	0.924	1.013	0.938	1.011	0.953	1.008	0.964	1.006	0.981	1.003
0	0.80	0	1.010	0.986	1.103	0.986	1.104	0.986	1.106	0.986	1.108	0.986
		5	1.080	0.989	1.083	0.989	1.085	0.988	1.087	0.988	1.089	0.988
		10	1.060	0.992	1.062	0.991	1.066	0.991	1.069	0.990	1.072	0.990
		15	1.038	0.995	1.041	0.994	1.046	0.993	1.050	0.993	1.052	0.993
		20	1.015	0.998	1.020	0.997	1.026	0.995	1.032	0.995	1.037	0.995
		25	0.989	1.002	0.998	1.000	1.005	0.999	1.012	0.998	1.020	0.997
		27	0.979	1.003	0.987	1.002	0.995	1.002	1.005	0.999	1.013	0.998
		30	0.963	1.006	0.973	1.004	0.985	1.003	0.992	1.001	1.002	1.000
		32	0.951	1.008	0.962	1.005	0.973	1.004	0.984	1.002	0.995	1.001
		34	0.939	1.010	0.951	1.008	0.964	1.006	0.976	1.004	0.988	1.002
		36	0.926	1.012	0.940	1.010	0.953	1.007	0.965	1.005	0.981	1.003

表 A.1（续）

海拔高度 H,m	机械效率 η	现场温度 t ℃	相对湿度 Φ,%									
			100		80		60		40		20	
			α	β	α	β	α	β	α	β	α	β
100	0.75	0	1.089	0.985	1.090	0.984	1.092	0.984	1.094	0.984	1.096	0.983
		5	1.067	0.988	1.070	0.988	1.073	0.987	1.074	0.987	1.076	0.987
		10	1.046	0.992	1.049	0.991	1.053	0.991	1.055	0.990	1.059	0.989
		15	1.023	0.996	1.027	0.995	1.032	0.994	1.036	0.993	1.038	0.993
		20	0.999	1.000	1.004	0.999	1.011	0.998	1.017	0.997	1.022	0.996
		25	0.973	1.005	0.981	1.004	0.989	1.002	0.996	1.001	1.005	0.999
		27	0.962	1.008	0.970	1.006	0.980	1.004	0.989	1.002	0.998	1.000
		30	0.945	1.011	0.955	1.009	0.966	1.007	0.976	1.005	0.986	1.003
		32	0.932	1.014	0.944	1.011	0.955	1.009	0.968	1.006	0.979	1.004
		34	0.920	1.016	0.933	1.014	0.946	1.011	0.959	1.008	0.972	1.006
		36	0.908	1.020	0.921	1.016	0.935	1.013	0.948	1.010	0.964	1.007
100	0.78	0	1.087	0.987	1.088	0.987	1.089	0.987	1.092	0.986	1.093	0.986
		5	1.065	0.990	1.066	0.990	1.070	0.989	1.072	0.989	1.074	0.989
		10	1.045	0.993	1.047	0.993	1.051	0.992	1.054	0.992	1.057	0.991
		15	1.022	0.996	1.026	0.995	1.031	0.995	1.035	0.994	1.037	0.994
		20	0.999	1.000	1.004	0.999	1.010	0.998	1.017	0.997	1.021	0.997
		25	0.973	1.005	0.982	1.003	0.989	1.002	0.996	1.001	1.005	0.999
		27	0.963	1.006	0.971	1.005	0.981	1.003	0.989	1.002	0.998	1.000
		30	0.974	1.009	0.956	1.008	0.967	1.006	0.977	1.004	0.986	1.002
		32	0.934	1.012	0.946	1.009	0.957	1.007	0.969	1.005	0.979	1.003
		34	0.923	1.014	0.935	1.012	0.948	1.009	0.961	1.007	0.972	1.005
		36	0.909	1.017	0.923	1.014	0.937	1.011	0.949	1.009	0.966	1.006
100	0.80	0	1.085	0.988	1.086	0.988	1.087	0.988	1.090	0.988	1.091	0.988
		5	1.064	0.991	1.067	0.991	1.069	0.990	1.070	0.990	1.073	0.990
		10	1.044	0.994	1.046	0.993	1.050	0.993	1.053	0.993	1.056	0.992
		15	1.022	0.997	1.026	0.996	1.030	0.996	1.034	0.995	1.037	0.995
		20	0.999	1.000	1.004	0.999	1.010	0.998	1.016	0.998	1.021	0.997
		25	0.974	1.004	0.982	1.003	0.989	1.002	0.996	1.001	1.005	0.999
		27	0.963	1.006	0.972	1.004	0.981	1.003	0.989	1.002	0.998	1.000
		30	0.948	1.008	0.957	1.007	0.968	1.005	0.977	1.003	0.987	1.002
		32	0.935	1.010	0.947	1.008	0.958	1.007	0.969	1.005	0.980	1.003
		34	0.924	1.012	0.936	1.010	0.949	1.008	0.961	1.006	0.973	1.005
		36	0.911	1.015	0.925	1.012	0.938	1.010	0.950	1.008	0.966	1.006
200	0.75	0	1.074	0.987	1.076	0.987	1.077	0.986	1.080	0.986	1.081	0.986
		5	1.053	0.991	1.055	0.990	1.058	0.990	1.059	0.989	1.062	0.989
		10	1.032	0.994	1.034	0.994	1.038	0.993	1.041	0.993	1.045	0.992
		15	1.009	0.998	1.013	0.998	1.018	0.997	1.022	0.996	1.024	0.996
		20	0.985	1.003	0.991	1.002	0.997	1.001	1.003	0.999	1.008	0.998
		25	0.959	1.008	0.968	1.006	0.975	1.005	0.983	1.003	0.991	1.002
		27	0.948	1.010	0.957	1.009	0.967	1.007	0.975	1.005	0.984	1.003
		30	0.932	1.014	0.942	1.012	0.953	1.009	0.963	1.007	0.972	1.005
		32	0.919	1.017	0.931	1.014	0.942	1.012	0.954	1.009	0.965	1.007
		34	0.907	1.019	0.919	1.017	0.933	1.014	0.946	1.011	0.958	1.008
		36	0.893	1.023	0.908	1.019	0.922	1.016	0.934	1.013	0.951	1.010

NY/T 1875—2010

表 A.1（续）

海拔高度 H,m	机械效率 η	现场温度 t ℃	相对湿度 Φ,%									
			100		80		60		40		20	
			α	β	α	β	α	β	α	β	α	β
200	0.78	0	1.072	0.989	1.074	0.989	1.075	0.989	1.077	0.988	1.079	0.988
		5	1.051	0.992	1.054	0.992	1.056	0.991	1.058	0.991	1.060	0.991
		10	1.031	0.995	1.033	0.995	1.037	0.994	1.040	0.994	1.044	0.993
		15	1.009	0.999	1.012	0.998	1.017	0.997	1.021	0.997	1.024	0.996
		20	0.986	1.002	0.991	1.002	0.997	1.001	1.003	0.999	1.008	0.999
		25	0.960	1.007	0.969	1.005	0.976	1.004	0.983	1.003	0.992	1.001
		27	0.949	1.009	0.958	1.007	0.968	1.006	0.976	1.004	0.984	1.003
		30	0.934	1.012	0.943	1.010	0.954	1.008	0.964	1.006	0.973	1.005
		32	0.921	1.014	0.933	1.012	0.944	1.010	0.956	1.008	0.966	1.006
		34	0.910	1.016	0.922	1.014	0.935	1.012	0.948	1.009	0.959	1.007
		36	0.896	1.019	0.910	1.016	0.924	1.013	0.936	1.011	0.953	1.008
200	0.80	0	1.071	0.990	1.072	0.990	1.073	0.990	1.076	0.989	1.077	0.989
		5	1.050	0.993	1.053	0.993	1.055	0.992	1.057	0.992	1.059	0.992
		10	1.030	0.996	1.033	0.995	1.037	0.995	1.039	0.994	1.043	0.994
		15	1.009	0.999	1.012	0.998	1.017	0.997	1.021	0.997	1.023	0.997
		20	0.986	1.002	0.991	1.001	0.997	1.000	1.003	1.000	1.008	0.999
		25	0.961	1.006	0.969	1.005	0.976	1.004	0.983	1.003	0.992	1.001
		27	0.950	1.008	0.959	1.006	0.968	1.005	0.976	1.004	0.985	1.002
		30	0.935	1.010	0.944	1.009	0.955	1.007	0.964	1.006	0.974	1.004
		32	0.923	1.013	0.934	1.010	0.945	1.009	0.956	1.007	0.967	1.005
		34	0.911	1.014	0.923	1.012	0.936	1.010	0.949	1.008	0.960	1.006
		36	0.989	1.017	0.912	1.014	0.926	1.012	0.937	1.010	0.953	1.007
400	0.75	0	1.045	0.992	1.047	0.992	1.048	0.991	1.051	0.991	1.052	0.991
		5	1.024	0.996	1.027	0.995	1.029	0.995	1.031	0.994	1.033	0.994
		10	1.003	0.999	1.006	0.999	1.010	0.998	1.012	0.998	1.016	0.997
		15	0.981	1.004	0985	1.003	0.990	1.002	0.994	1.001	0.996	1.001
		20	0.958	1.008	0.963	1.007	0.969	1.006	0.975	1.005	0.980	1.004
		25	0.931	1.014	0.940	1.012	0.948	1.010	0.955	1.009	0.964	1.007
		27	0.921	1.016	0.929	1.014	0.939	1.012	0.948	1.010	0.957	1.009
		30	0.905	1.020	0.915	1.018	0.929	1.015	0.935	1.013	0.945	1.011
		32	0.892	1.023	0.904	1.020	0.915	1.018	0.927	1.015	0.938	1.012
		34	0.880	1.026	0.892	1.023	0.906	1.020	0.919	1.017	0.931	1.014
		36	0.866	1.029	0.881	1.026	0.895	1.022	0.908	1.019	0.924	1.015
400	0.78	0	1.044	0.993	1.045	0.993	1.046	0.993	1.049	0.992	1.050	0.992
		5	1.023	0.996	1.026	0.996	1.028	0.995	1.030	0.995	1.032	0.995
		10	1.003	0.999	1.006	0.999	1.010	0.998	1.012	0.998	1.016	0.997
		15	0.981	1.003	0.985	1.002	0.990	1.002	0.994	1.001	0.996	1.001
		20	0.959	1.007	0.964	1.006	0.970	1.005	0.976	1.004	0.981	1.003
		25	0.933	1.012	0.942	1.010	0.949	1.009	0.956	1.008	0.965	1.006
		27	0.923	1.014	0.931	1.012	0.941	1.010	0.949	1.009	0.958	1.007
		30	0.908	1.017	0.917	1.015	0.928	1.013	0.937	1.011	0.947	1.009
		32	0.895	1.019	0.909	1.017	0.918	1.015	0.929	1.013	0.940	1.011
		34	0.884	1.022	0.896	1.019	0.909	1.017	0.922	1.014	0.933	1.012
		36	0.870	1.025	0.884	1.022	0.898	1.019	0.910	1.016	0.927	1.013

表 A.1（续）

海拔高度 H,m	机械效率 η	现场温度 t ℃	相对湿度 Φ,%									
			100		80		60		40		20	
			α	β	α	β	α	β	α	β	α	β
400	0.80	0	1.043	0.994	1.044	0.994	1.046	0.994	1.048	0.993	1.049	0.993
		5	1.023	0.997	1.025	0.996	1.028	0.996	1.029	0.996	1.032	0.995
		10	1.003	1.000	1.006	0.999	1.009	0.999	1.012	0.998	1.016	0.998
		15	0.982	1.003	0.985	1.002	1.990	1.001	0.994	1.001	0.996	1.001
		20	0.960	1.006	0.965	1.005	0.971	1.005	0.977	1.004	0.981	1.003
		25	0.935	1.010	0.943	1.009	0.950	1.008	0.957	1.007	0.966	1.005
		27	0.921	1.012	0.935	1.011	0.942	1.009	0.950	1.008	0.939	1.006
		30	0.909	1.015	0.919	1.013	0.929	1.011	0.939	1.010	0.948	1.008
		32	0.897	1.017	0.909	1.015	0.919	1.013	0.931	1.011	0.941	1.009
		34	0.886	1.019	0.897	1.017	0.909	1.015	0.923	1.012	0.935	1.010
		36	0.873	1.022	0.886	1.019	0.900	1.016	0.912	1.014	0.928	1.012
600	0.75	0	1.015	0.997	1.016	0.997	1.017	0.997	1.020	0.996	1.021	0.996
		5	0.994	1.001	0.996	1.001	0.999	1.000	1.000	1.000	1.003	0.999
		10	0.974	1.005	0.976	1.005	0.980	1.004	0.983	1.003	0.987	1.003
		15	0.951	1.010	0.955	1.009	0.960	1.008	0.964	1.007	0.967	1.006
		20	0.929	1.015	0.934	1.013	0.940	1.012	0.946	1.011	0.951	1.010
		25	0.903	1.020	0.912	1.018	0.919	1.017	0.926	1.015	0.935	1.013
		27	0.892	1.023	0.901	1.021	0.911	1.019	0.919	1.017	0.928	1.015
		30	0.876	1.027	0.886	1.024	0.897	1.022	0.907	1.019	0.917	1.017
		32	0.864	1.030	0.876	1.027	0.887	1.024	0.899	1.021	0.910	1.019
		34	0.852	1.033	0.864	1.030	0.878	1.026	0.891	1.023	0.903	1.020
		36	0.838	1.036	0.853	1.033	0.868	1.029	0.880	1.026	0.897	1.022
600	0.78	0	1.014	0.998	1.015	0.997	1.017	0.997	1.019	0.997	1.021	0.997
		5	0.994	1.001	0.997	1.001	0.999	1.000	1.000	1.000	1.003	1.000
		10	0.974	1.004	0.997	1.004	0.981	1.003	0.983	1.003	0.987	1.002
		15	0.953	1.008	0.957	1.007	0.962	1.007	0.965	1.006	0.968	1.005
		20	0.931	1.012	0.936	1.011	0.942	1.010	0.948	1.009	0.953	1.008
		25	0.906	1.017	0.914	1.015	0.921	1.014	0.929	1.013	0.937	1.011
		27	0.895	1.019	0.904	1.018	0.913	1.016	0.922	1.014	0.930	1.012
		30	0.880	1.022	0.890	1.020	0.900	1.018	0.910	1.016	0.919	1.014
		32	0.868	1.025	0.879	1.023	0.890	1.020	0.902	1.018	0.913	1.016
		34	0.856	1.028	0.868	1.025	0.881	1.022	0.894	1.019	0.906	1.017
		36	0.843	1.031	0.957	1.027	0.871	1.024	0.883	1.022	0.900	1.018
600	0.80	0	1.014	0.998	1.015	0.998	1.016	0.998	1.019	0.997	1.020	0.997
		5	0.994	1.001	0.997	1.001	0.999	1.000	1.000	1.000	1.003	1.000
		10	0.975	1.004	0.997	1.003	0.981	1.003	0.983	1.003	0.987	1.002
		15	0.954	1.007	0.957	1.007	0.962	1.006	0.966	1.005	0.968	1.005
		20	0.932	1.011	0.937	1.010	0.943	1.009	0.949	1.008	0.954	1.007
		25	0.907	1.015	0.916	1.014	0.923	1.012	0.930	1.011	0.938	1.010
		27	0.897	1.017	0.906	1.016	0.915	1.014	0.922	1.012	0.932	1.011
		30	0.882	1.020	0.892	1.018	0.902	1.016	0.912	1.014	0.921	1.013
		32	0.870	1.022	0.882	1.020	0.892	1.018	0.904	1.016	0.914	1.014
		34	0.859	1.024	0.871	1.022	0.884	1.020	0.892	1.017	0.908	1.015
		36	0.846	1.027	0.860	1.024	0.874	1.022	0.885	1.019	0.901	1.016

NY/T 1875—2010

表 A.1（续）

海拔高度 H,m	机械效率 η	现场温度 t ℃	相对湿度 Φ,%									
			100		80		60		40		20	
			α	β	α	β	α	β	α	β	α	β
800	0.75	0	0.984	1.003	0.985	1.003	0.987	1.003	0.989	1.002	0.991	1.002
		5	0.964	1.007	0.966	1.007	0.969	1.006	0.970	1.006	0.973	1.005
		10	0.944	1.011	0.946	1.014	0.950	1.010	0.953	1.009	0.957	1.009
		15	0.922	1.016	0.926	1.015	0.931	1.014	0.935	1.013	0.973	1.013
		20	0.900	1.021	0.905	1.021	0.911	1.018	0.917	1.017	0.922	1.016
		25	0.974	1.027	0.883	1.025	0.890	1.023	0.898	1.022	0.907	1.019
		27	0.964	1.030	0.972	1.028	0.882	1.025	0.891	1.023	0.900	1.021
		30	0.848	1.034	0.858	1.031	0.869	1.029	0.879	1.026	0.889	1.024
		32	0.835	1.037	0.848	1.034	0.859	1.031	0.871	1.028	0.882	1.025
		34	0.824	1.040	0.836	1.037	0.850	1.033	0.863	1.030	0.875	1.027
		36	0.811	1.044	0.825	1.040	0.840	1.036	0.852	1.033	0.869	1.029
800	0.78	0	0.984	1.003	0.986	1.002	0.987	1.002	0.990	1.002	0.991	1.002
		5	0.965	1.006	0.967	1.006	0.970	1.005	0.971	1.005	0.974	1.004
		10	0.945	1.010	0.948	1.009	0.952	1.008	0.954	1.008	0.958	1.007
		15	0.921	1.013	0.928	1.013	0.933	1.012	0.937	1.011	0.937	1.011
		20	0.903	1.018	0.907	1.017	0.914	1.016	0.920	1.014	0.925	1.013
		25	0.878	1.023	0.886	1.021	0.894	1.021	0.901	1.018	0.909	1.016
		27	0.868	1.025	0.876	1.023	0.886	1.021	0.894	1.020	0.903	1.018
		30	0.853	1.029	0.862	1.026	0.873	1.024	0.882	1.022	0.892	1.020
		32	0.840	1.031	0.852	1.029	0.863	1.026	0.875	1.024	0.885	1.021
		34	0.829	1.034	0.841	1.031	0.854	1.028	0.867	1.025	0.879	1.023
		36	0.816	1.037	0.830	1.034	0.884	1.030	0.856	1.028	0.873	1.024
800	0.80	0	0.985	1.002	0.986	1.002	0.987	1.002	0.990	1.002	0.991	1.001
		5	0.965	1.005	0.968	1.005	0.970	1.005	0.972	1.004	0.974	1.004
		10	0.946	1.008	0.949	1.008	0.853	1.007	0.955	1.007	0.959	1.006
		15	0.926	1.021	0.929	1.011	0.934	1.010	0.938	1.010	0.940	1.009
		20	0.904	1.016	0.909	1.015	0.915	1.014	0.921	1.013	0.926	1.012
		25	0.880	1.020	0.888	1.019	0.896	1.017	0.903	1.016	0.911	1.015
		27	0.870	1.022	0.878	1.021	0.888	1.019	0.896	1.017	0.904	1.016
		30	0.855	1.025	0.865	1.023	0.875	1.021	0.885	1.019	0.894	1.018
		32	0.843	1.028	0.855	1.025	0.865	1.023	0.877	1.021	0.888	1.019
		34	0.832	1.030	0.844	1.028	0.857	1.025	0.870	1.022	0.881	1.020
		36	0.819	1.033	0.833	1.030	0.847	1.027	0.859	1.024	0.875	1.021
1 000	0.75	0	0.955	1.009	0.956	1.009	0.957	1.008	0.960	1.008	0.961	1.008
		5	0.935	1.013	0.937	1.013	0.940	1.012	0.941	1.012	0.944	1.011
		10	0.915	1.018	0.918	1.017	0.922	1.016	0.924	1.015	0.928	1.015
		15	0.894	1.022	0.898	1.022	0.903	1.020	0.907	1.019	0.909	1.019
		20	0.872	1.028	0.877	1.027	0.883	1.025	0.890	1.023	0.895	1.022
		25	0.847	1.034	0.855	1.032	0.863	1.030	0.870	1.028	0.979	1.026
		27	0.836	1.037	0.845	1.035	0.855	1.032	0.864	1.030	0.872	1.028
		30	0.821	1.041	0.831	1.038	0.842	1.036	0.852	1.033	0.862	1.030
		32	0.809	1.045	0.821	1.041	0.832	1.038	0.844	1.035	0.855	1.032
		34	0.797	1.048	0.810	1.045	0.823	1.041	0.836	1.037	0.849	1.034
		36	0.784	1.052	0.798	1.048	0.813	1.044	0.825	1.040	0.842	1.035

表 A.1（续）

海拔高度 H,m	机械效率 η	现场温度 t ℃	相对湿度 Φ,%									
			100		80		60		40		20	
			α	β	α	β	α	β	α	β	α	β
1 000	0.78	0	0.956	1.008	0.957	1.007	0.959	1.007	0.961	1.007	0.962	1.006
		5	0.937	1.001	0.939	1.011	0.942	1.010	0.943	1.010	0.946	1.009
		10	0.918	1.015	0.920	1.014	0.924	1.014	0.927	1.013	0.930	1.012
		15	0.897	1.019	0.901	1.018	0.906	1.017	0.909	1.016	0.912	1.016
		20	0.876	1.023	0.881	1.022	0.887	1.021	0.893	1.020	0.898	1.019
		25	0.851	1.029	0.860	1.027	0.867	1.025	0.874	1.024	0.883	1.022
		27	0.841	1.031	0.850	1.029	0.859	1.027	0.868	1.025	0.876	1.023
		30	0.826	1.035	0.836	1.032	0.847	1.030	0.856	1.028	0.866	1.026
		32	0.814	1.038	0.826	1.035	0.837	1.032	0.849	1.029	0.859	1.027
		34	0.803	1.040	0.815	1.037	0.828	1.034	0.841	1.031	0.853	1.028
		36	0.790	1.044	0.804	1.040	0.818	1.037	0.830	1.034	0.847	1.030
1 000	0.80	0	0.957	1.007	0.958	1.007	0.959	1.006	0.962	1.006	0.963	1.006
		5	0.938	1.010	0.940	1.009	0.943	1.009	0.944	1.009	0.947	1.008
		10	0.919	1.013	0.922	1.013	0.925	1.012	0.928	1.012	0.932	1.011
		15	0.899	1.017	0.903	1.016	0.907	1.015	0.911	1.015	0.914	1.014
		20	0.878	1.021	0.883	1.020	0.889	1.019	0.895	1.018	0.900	1.017
		25	0.854	1.025	0.862	1.024	0.869	1.022	0.877	1.021	0.885	1.019
		27	0.844	1.027	0.852	1.026	0.862	1.024	0.870	1.022	0.878	1.021
		30	0.830	1.031	0.839	1.029	0.849	1.026	0.859	1.024	0.868	1.023
		32	0.818	1.033	0.829	1.031	0.840	1.028	0.851	1.026	0.862	1.024
		34	0.807	1.036	0.819	1.033	0.831	1.030	0.844	1.028	0.856	1.025
		36	0.794	1.039	0.808	1.035	0.822	1.032	0.833	1.030	0.850	1.026
1 200	0.75	0	0.925	1.015	0.927	1.015	0.928	1.015	0.931	1.014	0.932	1.014
		5	0.906	1.020	0.908	1.019	0.911	1.018	0.912	1.018	0.915	1.018
		10	0.887	1.024	0.889	1.024	0.893	1.023	0.896	1.022	0.900	1.021
		15	0.866	1.029	0.870	1.028	0.875	1.027	0.879	1.026	0.881	1.026
		20	0.844	1.035	0.849	1.034	0.856	1.032	0.862	1.030	0.867	1.029
		25	0.819	1.042	0.828	1.039	0.836	1.037	0.843	1.035	0.852	1.033
		27	0.809	1.045	0.818	1.042	0.828	1.039	0.836	1.037	0.845	1.035
		30	0.794	1.049	0.804	1.046	0.815	1.043	0.825	1.040	0.835	1.037
		32	0.782	1.053	0.794	1.049	0.805	1.046	0.817	1.042	0.828	1.039
		34	0.771	1.056	0.783	1.053	0.796	1.048	0.810	1.045	0.822	1.041
		36	0.757	1.061	0.772	1.056	0.786	1.051	0.798	1.048	0.815	1.043
1 200	0.78	0	0.928	1.013	0.929	1.013	0.930	1.02	0.933	1.012	0.934	1.012
		5	0.909	1.017	0.911	1.016	0.914	1.016	0.915	1.015	0.918	1.015
		10	0.890	1.020	0.893	1.020	0.896	1.019	0.899	1.019	0.903	1.018
		15	0.870	1.025	0.873	1.024	0.878	1.023	0.882	1.022	0.885	1.022
		20	0.849	1.029	0.854	1.028	0.860	1.027	0.866	1.026	0.871	1.024
		25	0.825	1.035	0.833	1.033	0.840	1.031	0.848	1.030	0.856	1.028
		27	0.815	1.038	0.823	1.035	0.833	1.033	0.841	1.031	0.850	1.029
		30	0.800	1.041	0.810	1.039	0.820	1.036	0.830	1.034	0.839	1.032
		32	0.788	1.044	0.800	1.041	0.811	1.039	0.822	1.036	0.833	1.033
		34	0.777	1.047	0.789	1.044	0.802	1.041	0.815	1.037	0.827	1.035
		36	0.764	1.051	0.778	1.047	0.792	1.043	0.804	1.040	0.821	1.036

表 A.1（续）

海拔高度 H,m	机械效率 η	现场温度 t ℃	相对湿度 Φ,%									
			100		80		60		40		20	
			α	β	α	β	α	β	α	β	α	β
1 200	0.80	0	0.929	1.011	0.930	1.011	0.932	1.011	0.994	1.011	0.935	1.010
		5	0.910	1.015	0.913	1.014	0.915	1.014	0.917	1.014	0.919	1.013
		10	0.892	1.018	0.895	1.018	0.898	1.017	0.901	1.016	0.905	1.016
		15	0.872	1.022	0.876	1.021	0.881	1.020	0.884	1.019	0.887	1.019
		20	0.852	1.026	0.856	1.025	0.862	1.024	0.868	10.23	0.873	1.022
		25	0.828	1.031	0.836	1.029	0.843	1.028	0.850	1.026	0.859	1.024
		27	0.818	1.033	0.826	1.031	0.835	1.029	0.844	1.027	0.852	1.026
		30	0.804	1.036	0.813	1.034	0.824	1.032	0.833	1.030	0.842	1.028
		32	0.792	1.039	0.804	1.035	0.814	1.034	0.826	1.031	0.836	1.029
		34	0.781	1.042	0.793	1.039	0.806	1.036	0.819	1.033	0.830	1.030
		36	0.769	1.045	0.783	1.041	0.796	1.038	0.808	1.035	0.824	1.032
1 400	0.75	0	0.898	1.022	0.899	1.021	0.900	1.021	0.903	1.020	0.904	1.020
		5	0.878	1.026	0.881	1.025	0.884	1.025	0.885	1.025	0.887	1.024
		10	0.860	1.031	0.862	1.030	0.866	1.029	0.869	1.029	0.873	1.028
		15	0.839	1.036	0.845	1.035	0.848	1.034	0.852	1.033	0.854	1.032
		20	0.818	1.042	0.823	1.041	0.829	1.039	0.835	1.037	0.840	1.036
		25	0.793	1.049	0.802	1.047	0.809	1.045	0.817	1.042	0.826	1.040
		27	0.783	1.052	0.792	1.050	0.802	1.047	0.810	1.044	0.819	1.042
		30	0.768	1.057	0.778	1.054	0.789	1.051	0.799	1.048	0.809	1.045
		32	0.756	1.061	0.768	1.057	0.779	1.054	0.791	1.050	0.802	1.047
		34	0.746	1.065	0.757	1.061	0.771	1.056	0.784	1.052	0.796	1.048
		36	0.732	1.069	0.746	1.064	0.761	1.059	0.773	1.056	0.790	1.050
1 400	0.78	0	0.900	1.018	0.902	1.018	0.903	1.018	0.906	1.017	0.907	1.017
		5	0.882	1.022	0.884	1.022	0.887	1.021	0.888	1.021	0.891	1.020
		10	0.864	1.026	0.866	1.025	1.870	1.025	0.873	1.024	0.876	1.023
		15	0.844	1.031	0.847	1.030	0.852	1.029	0.856	1.028	0.859	1.027
		20	0.823	1.035	0.828	1.034	0.834	1.033	0.840	1.031	0.845	1.030
		25	0.799	1.041	0.808	1.039	0.815	1.037	0.822	1.036	0.831	1.034
		27	0.789	1.044	0.798	1.042	0.807	1.039	0.816	1.037	0.824	1.035
		30	0.775	1.048	0.784	1.045	0.795	1.042	0.805	1.040	0.814	1.038
		32	0.763	1.051	0.775	1.048	0.786	1.045	0.797	1.042	0.808	1.039
		34	0.752	1.054	0.764	1.051	0.777	1.047	0.790	1.044	0.802	1.041
		36	0.740	1.058	0.754	1.054	0.768	1.050	0.780	1.047	0.796	1.042
1 400	0.80	0	0.902	1.106	0.904	1.016	0.905	1.016	0.907	1.015	0.909	1.013
		5	0.884	1.020	0.887	1.019	0.889	1.019	0.890	1.018	0.893	1.018
		10	0.866	1.023	0.869	1.023	0.872	1.022	0.875	1.021	0.879	1.021
		15	0.847	1.027	0.850	1.026	0.855	1.025	0.859	1.024	0.861	1.024
		20	0.826	1.031	0.831	1.030	0.837	1.029	0.843	1.028	0.848	1.027
		25	0.803	1.037	0.811	1.035	0.818	1.033	0.826	1.031	0.834	1.030
		27	0.793	1.039	0.802	1.037	0.811	1.035	0.819	1.033	0.828	1.031
		30	0.779	1.042	0.789	1.040	0.799	1.037	0.808	1.035	0.818	1.033
		32	0.767	1.045	0.779	1.042	0.790	1.040	0.801	1.037	0.812	1.035
		34	0.757	1.048	0.769	1.045	0.781	1.042	0.794	1.039	0.806	1.036
		36	0.744	1.051	0.758	1.047	0.772	1.044	0.784	1.041	0.800	1.037

表 A.1（续）

海拔高度 H,m	机械效率 η	现场温度 t ℃	相对湿度 Φ,% 100 α	β	80 α	β	60 α	β	40 α	β	20 α	β
1 600	0.75	0	0.870	1.028	0.871	1.028	0.872	1.028	0.875	1.027	0.876	1.027
		5	0.851	1.033	0.853	1.033	0.856	1.032	0.857	1.031	0.860	1.031
		10	0.832	1.038	0.835	1.037	0.839	1.036	0.842	1.036	0.845	1.035
		15	0.812	1.044	0.816	1.043	0.821	1.041	0.825	1.040	0.827	1.039
		20	0.791	1.050	0.796	1.048	0.803	1.047	0.809	1.045	0.814	1.043
		25	0.767	1.057	0.776	1.055	0.783	1.052	0.791	1.050	0.799	1.047
		27	0.757	1.063	0.766	1.058	0.776	1.056	0.784	1.052	0.793	1.049
		30	0.742	1.066	0.752	1.062	0.763	1.059	0.773	1.056	0.783	1.052
		32	0.730	1.070	0.742	1.066	0.753	1.062	0.766	1.058	0.777	1.054
		34	0.719	1.074	0.732	1.069	0.745	1.065	0.758	1.060	0.771	1.056
		36	0.706	1.079	0.721	1.073	0.735	1.068	0.747	1.064	0.764	1.058
1 600	0.78	0	0.873	1.024	0.875	1.024	0.876	1.023	0.878	1.023	0.880	1.023
		5	0.855	1.028	0.858	1.027	0.860	1.027	0.861	1.027	0.864	1.026
		10	0.837	1.032	0.840	1.031	0.844	1.031	0.846	1.030	0.850	1.029
		15	0.818	1.037	0.821	1.036	0.826	1.035	0.830	1.034	0.833	1.033
		20	0.797	1.042	0.802	1.041	0.808	1.039	0.814	1.038	0.819	1.036
		25	0.774	1.048	0.782	1.046	0.790	1.044	0.797	1.042	0.805	1.040
		27	0.764	1.051	0.773	1.049	0.782	1.046	0.791	1.044	0.799	1.041
		30	0.750	1.055	0.759	1.052	0.770	1.049	0.780	1.047	0.789	1.044
		32	0.738	1.059	0.750	1.055	0.761	1.052	0.778	1.049	0.783	1.046
		34	0.728	1.062	0.739	1.058	0.752	1.054	0.765	1.051	0.777	1.047
		36	0.715	1.066	0.729	1.061	0.743	1.057	0.755	1.054	0.771	1.049
1 600	0.80	0	0.876	1.021	0.877	1.021	0.878	1.021	0.882	1.020	0.882	1.020
		5	0.858	1.025	0.860	1.024	0.863	1.024	0.864	1.023	0.867	1.023
		10	0.840	1.028	0.843	1.028	0.847	1.027	0.849	1.026	0.853	1.026
		15	0.821	1.032	0.825	1.032	0.830	1.031	0.833	1.030	0.836	1.029
		20	0.801	1.037	0.806	1.036	0.812	1.035	0.818	1.033	0.823	1.032
		25	0.778	1.042	0.786	1.040	0.793	1.039	0.801	1.037	0.809	1.035
		27	0.769	1.045	0.777	1.043	0.786	1.040	0.795	1.039	0.803	1.037
		30	0.755	1.048	0.764	1.046	0.774	1.043	0.784	1.041	0.793	1.039
		32	0.743	1.052	0.755	1.048	0.765	1.046	0.777	1.043	0.787	1.040
		34	0.733	1.054	0.744	1.051	0.757	1.048	0.770	1.045	0.781	1.042
		36	0.720	1.058	0.734	1.054	0.748	1.050	0.759	1.047	0.776	1.043
1 800	0.75	0	0.843	1.035	0.844	1.035	0.846	1.035	0.848	1.034	0.850	1.033
		5	0.824	1.040	0.827	1.040	0.830	1.039	0.831	1.038	0.834	1.038
		10	0.807	1.045	0.809	1.045	0.813	1.044	0.816	1.043	0.819	1.042
		15	0.787	1.051	0.790	1.050	0.796	1.049	0.799	1.047	0.802	1.047
		20	0.766	1.058	0.771	1.056	0.777	1.054	0.784	1.052	0.789	1.051
		25	0.742	1.066	0.751	1.063	0.758	1.060	0.766	1.058	0.775	1.055
		27	0.732	1.069	0.741	1.066	0.751	1.063	0.760	1.060	0.768	1.057
		30	0.718	1.074	0.728	1.071	0.739	1.067	0.748	1.064	0.758	1.060
		32	0.706	1.079	0.718	1.074	0.729	1.070	0.741	1.066	0.752	1.062
		34	0.695	1.083	0.707	1.078	0.721	1.072	0.734	1.069	0.746	1.064
		36	0.682	1.088	0.697	1.082	0.711	1.077	0.723	1.072	0.740	1.066

NY/T 1875—2010

表 A. 1（续）

海拔高度 H, m	机械效率 η	现场温度 t ℃	相对湿度 Φ,%									
			100		80		60		40		20	
			α	β	α	β	α	β	α	β	α	β
1 800	0.78	0	0.848	1.030	0.849	1.029	0.850	1.029	0.853	1.028	0.854	1.028
		5	0.830	1.034	0.832	1.033	0.835	1.033	0.836	1.032	0.839	1.032
		10	0.812	1.038	0.815	1.038	0.818	1.037	0.821	1.036	0.825	1.035
		15	0.793	1.043	0.797	1.042	0.801	1.041	0.805	1.040	0.808	1.039
		20	0.773	1.048	0.778	1.047	0.784	1.045	0.790	1.044	0.795	1.043
		25	0.750	1.055	0.758	1.053	0.765	1.051	0.773	1.049	0.781	1.046
		27	0.740	1.058	0.748	1.055	0.758	1.053	0.767	1.050	0.775	1.048
		30	0.726	1.062	0.735	1.059	0.746	1.056	0.756	1.053	0.765	1.051
		32	0.714	1.066	0.726	1.062	0.737	1.059	0.749	1.055	0.759	1.052
		34	0.704	1.069	0.716	1.065	0.729	1.061	0.742	1.057	0.754	1.054
		36	0.691	1.074	0.705	1.069	0.720	1.064	0.731	1.061	0.748	1.056
1 800	0.80	0	0.850	1.026	0.852	1.026	0.853	1.026	0.855	1.025	0.857	1.025
		5	0.833	1.030	0.835	1.029	0.838	1.029	0.839	1.029	0.842	1.028
		10	0.816	1.034	0.818	1.033	0.822	1.032	0.824	1.032	0.828	1.031
		15	0.797	1.038	0.800	1.037	0.805	1.036	0.809	1.035	0.811	1.035
		20	0.777	1.043	0.782	1.042	0.788	1.040	0.794	1.039	0.799	1.038
		25	0.754	1.049	0.763	1.046	0.770	1.045	0.777	1.043	0.785	1.041
		27	0.745	1.051	0.753	1.049	0.763	1.046	0.771	1.044	0.779	1.042
		30	0.731	1.055	0.740	1.052	0.751	1.049	0.760	1.047	0.770	1.045
		32	0.720	1.058	0.731	1.055	0.742	1.052	0.753	1.049	0.764	1.046
		34	0.709	1.061	0.721	1.058	0.734	1.054	0.747	1.051	0.758	1.048
		36	0.697	1.065	0.711	1.061	0.725	1.057	0.736	1.053	0.752	1.049
2 000	0.75	0	0.816	1.043	0.818	1.042	0.819	1.042	0.822	1.041	0.823	1.041
		5	0.798	1.048	0.801	1.047	0.803	1.046	0.805	1.046	0.807	1.045
		10	0.781	1.053	0.783	1.052	0.787	1.051	0.790	1.050	0.794	1.049
		15	0.761	1.059	0.765	1.058	0.770	1.057	0.774	1.055	0.776	1.054
		20	0.741	1.066	0.746	1.065	0.752	1.062	0.758	1.060	0.763	1.059
		25	0.717	1.075	0.726	1.071	0.733	1.069	0.741	1.066	0.750	1.063
		27	0.707	1.078	0.716	1.075	0.726	1.071	0.735	1.068	0.743	1.065
		30	0.693	1.084	0.703	1.080	0.714	1.076	0.724	1.072	0.734	1.069
		32	0.681	1.089	0.693	1.084	0.704	1.079	0.717	1.075	0.728	1.071
		34	0.671	1.093	0.683	1.088	0.696	1.083	0.710	1.077	0.722	1.073
		36	0.658	1.098	0.672	1.092	0.687	1.086	0.699	1.081	0.716	1.075
2 000	0.78	0	0.822	1.036	0.823	1.035	0.824	1.035	0.827	1.035	0.828	1.034
		5	0.804	1.040	0.807	1.040	0.809	1.039	0.810	1.039	0.813	1.038
		10	0.787	1.045	0.790	1.044	0.793	1.043	0.796	1.042	0.800	1.041
		15	0.768	1.050	0.772	1.049	0.777	1.047	0.780	1.046	0.783	1.046
		20	0.748	1.055	0.753	1.054	0.759	1.052	0.765	1.051	0.770	1.049
		25	0.725	1.062	0.734	1.060	0.741	1.058	0.748	1.055	0.757	1.053
		27	0.716	1.065	0.724	1.063	0.734	1.060	0.742	1.057	0.751	1.055
		30	0.702	1.070	0.712	1.067	0.722	1.063	0.732	1.060	0.741	1.057
		32	0.690	1.074	0.702	1.070	0.713	1.066	0.725	1.063	0.736	1.059
		34	0.680	1.078	0.692	1.073	0.705	1.069	0.718	1.065	0.730	1.061
		36	0.668	1.082	0.682	1.077	0.696	1.072	0.708	1.068	0.724	1.063

表 A.1（续）

海拔高度 H,m	机械效率 η	现场温度 t ℃	相对湿度 Φ,%									
			100		80		60		40		20	
			α	β	α	β	α	β	α	β	α	β
2 000	0.80	0	0.825	1.032	0.826	1.031	0.828	1.031	0.830	1.030	0.831	1.030
		5	0.808	1.035	0.810	1.035	0.813	1.034	0.814	1.034	0.817	1.033
		10	0.791	1.039	0.793	1.039	0.797	1.038	0.800	1.037	0.803	1.036
		15	0.772	1.044	0.776	1.043	0.781	1.042	0.785	1.041	0.787	1.040
		20	0.753	1.049	0.758	1.048	0.764	1.046	0.770	1.045	0.775	1.043
		25	0.731	1.055	0.739	1.053	0.746	1.051	0.753	1.049	0.761	1.047
		27	0.721	1.058	0.730	1.055	0.739	1.053	0.747	1.050	0.756	1.048
		30	0.708	1.062	0.717	1.059	0.728	1.056	0.737	1.053	0.746	1.051
		32	0.696	1.065	0.708	1.061	0.718	1.058	0.730	1.055	0.741	1.052
		34	0.686	1.068	0.698	1.064	0.711	1.061	0.723	1.057	0.735	1.054
		36	0.674	1.072	0.688	1.068	0.702	1.063	0.713	1.060	0.729	1.055

NY/T 1875—2010

附　录　B

（资料性附录）

发动机功率允许值和实测功率修正值、燃油消耗率允许值和实测燃油消耗率修正值计算示例

　　某台收割机发动机标定功率为 40.4 kW，标定燃油消耗率为 258.4 g/(kW·h)，机械效率为 0.8，测定时现场温度为 32℃，相对湿度为 60%，海拔高度为 800 m，实测功率为 36.00 kW，实测燃油消耗率为 308.00 g/(kW·h)，计算该环境条件下的功率允许值和实际值、燃油消耗率允许值和实际值。

　　解：查附录 A 表 A.1，得修正系数 α、β

　　$\alpha = 0.865$　　$\beta = 1.023$

　　由公式(1)计算出功率允许值：$P_{yx} = 0.85 \times 40.4 = 34.34$ kW

　　将 α 代入本标准计算公式(3)中，求得实测功率修正值：$P_{er} = 0.865 \times 36.00 = 31.14$ kW

　　由公式(2)计算出燃油消耗率允许值：$g_{yx} = 1.2 \times 258.4 = 310.08$ g/(kW·h)

　　将 β 代入本标准计算公式(4)中，求得实测燃油消耗率修正值：$g_{er} = 1.023 \times 308.00 = 315.084$ g/(kW·h)

　　在上述环境条件下，测得该发动机实测功率修正值 P_{er} 低于 34.34 kW，实测燃油消耗率修正值 g_{er} 高于 310.08 g/(kW·h)，应禁止其使用。

ICS 65.060.50
B 91

中华人民共和国农业行业标准

NY 642—2013
代替 NY 642—2002

脱粒机安全技术要求

Safety technical requirements for threshers

2013-09-10 发布
2014-01-01 实施

中华人民共和国农业部 发布

NY 642—2013

前　言

本标准按照 GB/T 1.1—2009 给出的规则起草。

本标准是对 NY 642—2002《脱粒机安全技术要求》的修订。

本标准与 NY 642—2002 相比,主要技术内容变化如下:

——修改了范围;

——增加了术语和定义;

——删除了整机一般性要求;

——删除了防护装置中说明性的内容和不易准确操作的要求,并对其余内容进行编辑性修改和调整;

——在喂入装置中增加了人工喂入的半喂入脱粒机和玉米脱粒机喂入装置的要求;

——在喂入装置中增加了螺旋输送喂入、夹持输送喂入、捡拾输送喂入的输送装置防护要求;

——增加了输粮装置和动力分离或切断装置的安全要求;

——将"紧固件"改为"重要部位紧固件",并删除了非重要部位紧固件的要求;

——将使用说明书和标志进行了章节性调整;

——调整了附录内容。

本标准由农业部农业机械化管理司提出。

本标准由全国农业机械标准化技术委员会农业机械化分技术委员会(SAC/TC 201/SC 2)归口。

本标准起草单位:山西省农业机械质量监督管理站。

本标准主要起草人:张玉芬、吴庆波、周航杰、赵建红。

本标准所代替标准的历次版本发布情况为:

——NY 642—2002。

脱粒机安全技术要求

1 范围

本标准规定了机动脱粒机安全技术要求。

本标准适用于全喂入式脱粒机、半喂入式脱粒机和玉米脱粒机。

2 规范性引用文件

下列文件对于本文件的应用是必不可少的。凡是注日期的引用文件,仅注日期的版本适用于本文件。凡是不注日期的引用文件,其最新版本(包括所有的修改单)适用于本文件。

GB/T 9239.1—2006 机械振动 恒态(刚性)转子平衡品质要求 第1部分:规范与平衡允差的检验

GB/T 9480 农林拖拉机和机械、草坪和园艺动力机械 使用说明书编写规则

GB 10396 农林拖拉机和机械、草坪和园艺动力机械 安全标志和危险图形 总则

GB 23821—2009 机械安全 防止上下肢触及危险区的安全距离

3 术语和定义

下列术语和定义适用于本文件。

3.1

喂入台长度 feeding table length

喂入台外端至脱粒滚筒外缘的最小距离。

3.2

喂入罩长度 feeding cover length

喂入罩外端至脱粒滚筒外缘的最小距离。

4 安全技术要求

4.1 传动部件

4.1.1 操作者可能触及到的传动部件应有防护装置,保证人的肢体与危险运动件不能接触。

4.1.2 采用金属网防护装置时,金属网应不变形,网孔尺寸应符合 GB 23821—2009 中表4的规定。

4.1.3 采用距离防护的部位,操作者至传动部件的安全距离应符合 GB 23821—2009 中 4.2.1.2 和 GB 23821—2009 中表1的规定。

4.1.4 防护装置应能在机器正常使用时保证安全所要求的强度和刚度。

4.2 滚筒平衡

4.2.1 全喂入脱粒机滚筒长度不大于 700 mm 时,允许进行静平衡试验;大于 700 mm 时,应做动平衡试验,不平衡量见表1。

表 1 全喂入脱粒机滚筒不平衡量

滚筒长度,mm	平衡方式	不平衡量,N·m
≤700	静平衡	≤0.050
>700	动平衡	≤0.020
>900	动平衡	≤0.025

NY 642—2013

表1（续）

滚筒长度,mm	平衡方式	不平衡量,N·m
>1 350	动平衡	≤0.036
>1 500	动平衡	≤0.048

4.2.2　半喂入脱粒机滚筒应进行静平衡试验。弓齿滚筒(含带轮)不平衡量不大于0.015 N·m;其他形式的滚筒(不含带轮、轴承)不平衡量不大于0.030 N·m。

4.2.3　玉米脱粒机滚筒转速不超过700 r/min,长度与直径比不大于0.6时,应做静平衡试验;否则,做动平衡试验。平衡精度等级为G16级,其平衡品质的确定应符合GB/T 9239.1—2006中第5章和第6章的规定。

4.3　喂入装置

4.3.1　脱粒机的喂料口应有安全喂入装置,保证操作者正常作业时人的肢体不能触及脱粒滚筒及其他旋转部件。

4.3.2　人工喂入的全喂入脱粒机,喂入台长度应不小于850 mm,喂入罩长度应不小于550 mm。对于人只能站在喂入台正面喂入的机型,允许降低喂入罩长度。但在不影响操作的情况下,应尽量增加其防护范围。

4.3.3　人工喂入的半喂入脱粒机,喂入台长度应不小于450 mm。允许采用隔离操作者的其他结构进行防护,其外端至脱粒滚筒外缘的最小水平距离应不小于450 mm。

4.3.4　人工喂入的玉米脱粒机,从结构上应保证,从垂直于喂料口方向观察,不可见脱粒滚筒。人工轴向单穗喂入的微型玉米脱粒机,喂入口直径(或最大尺寸)不大于110 mm,喂入罩长度应不小于130 mm。

4.3.5　采用输送带或输送链喂入的脱粒机,输送装置周边应进行防护;采用螺旋输送器喂入的脱粒机,螺旋输送槽两侧应高于螺旋叶片的最高点;采用夹持输送器喂入的半喂入式脱粒机,非夹持段应进行防护;采用自动捡拾台捡拾输送喂入的脱粒机,在使用说明书中和机器上用适当的安全标志进行警示,指出机器运转时搅龙和捡拾器处有剪切、挤压和缠绕等危险。

4.4　输粮装置

4.4.1　带式输粮装置(包括扬场器)的入口端和侧面应进行防护,以防止意外接触。

4.4.2　螺旋式输粮装置的螺旋输送器应封闭或配置防护装置(入口和出口端除外)。

4.5　动力分离或切断装置

配带动力出厂的脱粒机,应设置动力分离或切断装置。动力分离或切断装置应设置于操作者容易触及的位置。

4.6　重要部位紧固件

滚筒(包括纹杆、齿杆和脱粒盘)、滚筒轴承座、曲柄等安装螺栓副性能等级为螺栓不低于8.8级,螺母不低于8级,并有可靠的防松措施,其扭紧力矩应符合表2的规定。

表2　8.8级螺栓扭紧力矩

公称尺寸	扭紧力矩,N·m
M8	25±5
M10	50±10
M12	90±18
M14	160±32
M16	225±45
M20	435±87

5 使用信息

5.1 标志

5.1.1 产品标牌

脱粒机应设置至少包括下列信息的清晰耐久性产品标牌：

——产品名称型号；

——配套动力；

——主轴（滚筒）转速；

——出厂编号及日期；

——制造厂名称和地址。

5.1.2 安全标志

在脱粒机上至少应设置下列耐久性安全标志：

——在喂入口设置高速旋转的脱粒滚筒产生危险的安全标志；

——在排草（排杂、排风）口设置抛出物产生危险的安全标志；

——在防护装置附近设置传动部件产生危险，禁止打开的安全标志；

——在螺旋式输粮装置入口处设置螺旋输送器产生缠绕危险的安全标志（适用时）；

——在风机进风口设置叶片剪切危险的安全标志（适用时）。

安全标志应符合 GB 10396 的规定。

安全标志示例见附录 A、附录 B 和附录 C，可根据需要形成涉及其他危险的安全标志。

5.1.3 滚筒提示标识

在脱粒滚筒传动带轮附近的机器侧壁处，应设置滚筒旋转方向、严禁超速等耐久醒目的标识。

5.2 使用说明书

5.2.1 每台脱粒机出厂时应提供产品使用说明书，并按 GB/T 9480 的要求编写。

5.2.2 机器上使用的安全标志应在使用说明书中重现，且清晰、易读。同时，应有安全标志在机器上粘贴位置的说明、使机器上安全标志保持清晰易见必要性的说明、安全标志丢失或不清楚时需要更换的说明及更换新件时，新部件上应带有制造厂规定的安全标志的说明。

5.2.3 可配套多种动力的脱粒机，使用说明书中应列出配套电机、柴油机或其他动力的功率范围以及对应配套动力的传动带轮规格，以保证使用时滚筒转速在其明示范围内。

5.2.4 使用说明书应有详细的安全使用规定，编排在前部，并且醒目区别于其他内容。安全使用规定至少应包含以下内容：

   a) 使用机器前，应详细阅读使用说明书，了解使用说明书中安全操作规程和危险部位安全标志所提示的内容；

   b) 使用机器前，应检查机器上安全标志、操作指示和产品铭牌有无缺损，如有缺损应及时补全；

   c) 使用机器前，应检查脱粒滚筒上的纹杆、板齿、钉齿等工作部件有无裂纹或变形。更换新部件时，应按使用说明书的要求或在企业有经验的维修人员指导下进行；

   d) 不得对机器进行妨碍操作和影响安全的改装；

   e) 使用时，电机必须进行接地保护，电源线应绝缘可靠；

   f) 用户自行配套或更换动力的脱粒机，应自行设置动力分离或切断装置，动力分离或切断装置应设置于操作者容易触及的位置；

   g) 用户自行配套或更换动力时，必须保证配套动力的功率和滚筒转速在使用说明书或机器明示标识所规定的范围内，外露的传动部位必须有防护装置；

   h) 作业场地应宽敞，没有火灾隐患；

NY 642—2013

  i) 机器作业前应进行试运转,试运转应无碰擦、异常响声和振动,滚筒旋向应正确,转速应符合明示要求,严禁超速;

  j) 在确认机器旁边没有无关人员,操作人员就位时方可启动机器;

  k) 严禁酒后,孕妇、未成年人等不具有完全行为能力的人员操作,操作人员应扎紧袖口,留长发时应戴防护帽;

  l) 作业时严禁将手伸入喂料口、排草口、输粮搅龙出入口、风机进排风口以及其他危险运动件内;

  m) 排草口、排杂口、排风口等可能造成人员伤害的位置严禁站人;

  n) 作业时,严禁将石头、木块、金属等坚硬物喂入机器内;

  o) 发现堵塞和其他异常应立即停机,完全关闭动力,待机器停止运转后方可进行清理和检查;

  p) 脱粒滚筒、风机及其轴承座和其他运动部件上的螺栓不得有松动现象,并应按使用说明书的要求定期检查。

附　录　A
（规范性附录）
图形带和文字带组成的安全标志示例

A.1 喂入口安全标志见图 A.1。

A.2 防护装置安全标志见图 A.2。

A.3 风机进风口安全标志见图 A.3。

图 A.1　喂入口安全标志	图 A.2　防护装置安全标志	图 A.3　风机进风口安全标志

A.4 输粮搅龙入口安全标志见图 A.4。

A.5 排草（排杂、排风）口安全标志见图 A.5。

图 A.4　输粮搅龙入口安全标志	图 A.5　排草（排杂、排风）口安全标志

附　录　B

（规范性附录）

符号带、图形带和文字带组成的安全标志示例

B.1 喂入口安全标志见图 B.1。

B.2 防护装置安全标志见图 B.2。

B.3 风机进风口安全标志见图 B.3。

图 B.1　喂入口安全标志　　　图 B.2　防护装置安全标志　　　图 B.3　风机进风口安全标志

B.4 输粮搅龙入口安全标志见图 B.4。

B.5 排草（排杂、排风）口安全标志见图 B.5。

图 B.4　输粮搅龙入口安全标志　　　　　图 B.5　排草（排杂、排风）口安全标志

附 录 C
（规范性附录）
符号带和文字带组成的安全标志示例

C.1 喂入口安全标志见图 C.1。

C.2 防护装置安全标志见图 C.2。

C.3 风机进风口安全标志见图 C.3。

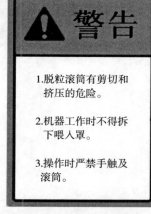

图 C.1 喂入口安全标志

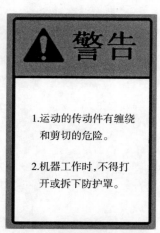

图 C.2 防护装置安全标志

图 C.3 风机进风口安全标志

C.4 输粮搅龙入口安全标志见图 C.4。

C.5 排草（排杂、排风）口安全标志见图 C.5。

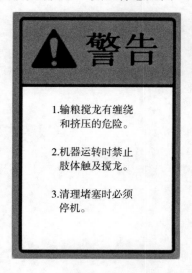

图 C.4 输粮搅龙入口安全标志

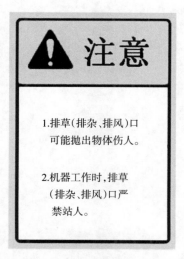

图 C.5 排草（排杂、排风）口安全标志

ICS 65.060.35
B 91

中华人民共和国农业行业标准

NY 643—2014
代替 NY 643—2002

农用水泵安全技术要求

Safety technical requirements for agricultural water pumps

2014-10-17 发布

2015-01-01 实施

中华人民共和国农业部 发布

NY 643—2014

前　言

本标准的全部技术内容为强制性。

本标准按照 GB/T 1.1—2009 给出的规则起草。

本标准是对 NY 643—2002《农用水泵安全技术要求》的修订。

本标准与 NY 643—2002 相比，主要技术内容变化如下：

——删除了农用水泵使用安全要求；

——增加了直联泵机组、非直联泵机组的定义；

——增加了使用说明书应包括的基本安全使用要求。

本标准由农业部农业机械化管理司提出。

本标准由全国农业机械标准化技术委员会农业机械化分技术委员会（SAC/TC 201/SC 2）归口。

本标准起草单位：重庆市农业机械鉴定站、嘉陵—本田发动机有限公司、重庆宗申通用动力机械有限公司、新界泵业集团股份有限公司。

本标准主要起草人：梁山城、穆斌、李勇刚、任宏生、王惠露、陈海、许敏田。

本标准的历次版本发布情况：

—— NY 643—2002。

农用水泵安全技术要求

1 范围

本标准规定了农用水泵的安全技术要求。

本标准适用于 75 kW 以下的农用水泵。

2 规范性引用文件

下列文件对于本文件的应用是必不可少的。凡是注日期的引用文件,仅注日期的版本适用于本文件。凡是不注日期的引用文件,其最新版本(包括所有的修改单)适用于本文件。

GB 755　旋转电机　定额和性能

GB 1971　旋转电机　线端标志与旋转方向

GB/T 5013.4　额定电压 450/750V 及以下橡皮绝缘电缆　第 4 部分:软线和软电缆

GB 10395.1　农林机械　安全　第 1 部分:总则

GB 10396　农林拖拉机和机械、草坪和园艺动力机械　安全标志和危险图形　总则

3 术语和定义

下列术语和定义适用于本文件。

3.1

农用水泵　agricultural water pump

用于农业生产的水泵,包括以电动机或内燃机为配套动力的直联或非直联泵机组。

3.2

直联泵机组　direct‐link pump unit

泵与配套动力共轴或利用联轴器直接联接来传递扭矩的机组,如内燃机共轴泵、潜水电泵、微型泵、管道泵等。

3.3

非直联泵机组　undirect‐link pump unit

泵与配套动力通过带传动传递扭矩的机组。

4 安全技术要求

4.1 电气安全要求

4.1.1 耐电压

配套电动机定子绕组应能承受历时 1 min 的耐电压试验而不发生击穿。

4.1.2 启动

配套电动机应能在产品使用说明书规定启动电压条件下正常启动。

4.1.3 温升

配套电动机绕组的温升应符合 GB 755 的规定。

4.1.4 绝缘电阻

潜水电泵所配电动机定子绕组对机壳的冷、热态绝缘电阻应符合相应产品标准的规定;非潜水工作的农用水泵所配电动机定子绕组对机壳的冷态绝缘电阻应不低于 20 MΩ,热态绝缘电阻应不低于 1 MΩ。

NY 643—2014

4.1.5 过载保护

配套电动机应设过载保护装置。在正常启动或运转情况下,过载保护装置不应动作。

4.1.6 电源连接及外部电缆

4.1.6.1 电源连接及外部电缆应与电动机额定电压、电流匹配,电缆性能应符合 GB/T 5013.4 中规定的 YZW 型橡胶电缆或性能相同的电缆。

4.1.6.2 电缆应采取适当固定、夹持等措施以防止因受力、磨损、腐蚀、气候变化等导致危险事故。

4.1.7 接地装置

4.1.7.1 非潜水工作的农用水泵所配电动机应有接地装置,接地装置应保证与接地线具有良好的电气连接而不损坏导线及端子。接地装置上应有接地标志。

4.1.7.2 潜水电泵引出电缆应有接地线,接地线上应有明显的接地标志。

4.1.7.3 接地标志在农用水泵使用期间应清晰。

4.1.8 输入电流

配套电动机在额定电压、额定频率和农用水泵额定工作范围内,其输入电流应不大于 1.1 倍额定电流。

4.2 机械安全要求

4.2.1 机器结构

可接触的农用水泵表面,不应有会造成损伤的尖角、锐边等缺陷。

4.2.2 防护装置

4.2.2.1 运动件防护

外露运动件应安装防护罩或防护板等防护装置,并按使用说明书的要求正确安装。

4.2.2.2 热防护

配套内燃机排气部件面积大于 $10~cm^2$ 的表面和在农用水泵正常操作期间环境温度为 $(23\pm3)℃$ 下,温度大于 80℃ 的表面都应加防护装置或挡板,防止与其意外接触。易接触的防护装置或挡板部位,其表面温度应不大于 80℃。

4.2.2.3 防护装置的结构

防护装置应具有正常使用所要求的机械强度,并牢固地固定在机器上。防护装置的结构应符合 GB 10395.1 的规定。

4.2.3 排气管出口

配套内燃机排气管出口方向应避开在启动、调速等操作位置上的操作者。

4.2.4 稳定性

共轴农用水泵应不需支撑就能平稳地放置或固定,其余农用水泵应具有底座。在正常使用状态下,农用水泵不应翻倒。

4.2.5 配套内燃机的农用水泵应能在产品使用说明书规定的条件下顺利启动。并且启动装置应具有防止内燃机反转的功能。

4.2.6 农用水泵配套内燃机时,其燃油箱开启盖应牢固,不应在农用水泵工作时出现松脱现象。燃油箱的布置应避免泄漏或溢出的燃油进入内燃机排气管或排气口投影区或电气设备。

4.2.7 农用水泵正常工作时,泵体内轴承最高温度应不超过 80℃。

4.3 安全标志

4.3.1 配套电动机线端标志应符合 GB 1971 的规定。

4.3.2 如果旋转方向改变会造成事故或影响产品性能,应在可视旋转的固定部位清楚地标明旋转方向。

4.3.3 结构和安全防护都不能消除的各种危险,应有安全警示标志。警示标志的构成、颜色、尺寸、图形等应符合 GB 10396 的有关规定。

示例:以电动机为配套动力的农用水泵应有危险程度为"警告"的安全标志,并有警示文字"为了防止触电,请按使用说明书的要求正确安装机器";以内燃机为配套动力的农用水泵应有危险程度为"危险"的安全标志,并有警示文字"发动机运转时,不得拆卸或打开安全防护装置"。

4.3.4 应在明显部位固定加注润滑油或充水的警示标志。

4.3.5 安全警示标志在正常清洗时不应褪色、脱色、开裂和起泡,保持清晰。

4.3.6 标志不应出现卷边,在溅上汽油或机油后其清晰度不应受影响。

4.4 使用说明书

4.4.1 使用说明书应重现农用水泵上的安全标志,并指出安全标志的固定位置。使用无文字安全标志时,使用说明书应用文字解释安全标志的意义。

4.4.2 使用说明书中应列出联轴器、带轮、皮带等泵与配套动力联接部件的规格对照表或图示。

4.4.3 使用说明书中应列出配套水管的规格,承受压力等要求。

4.4.4 使用说明书应明示出泵体润滑室的润滑油、配套内燃机的润滑油和燃油要求;充油式潜水电泵的充油要求,充水式潜水电泵的充水要求。

4.4.5 使用说明书应有详细的安全使用要求。配套内燃机动力的农用水泵应包括但不限于 a)~i)项内容;配套电动机动力的农用水泵应包括但不限于 a)、b)、c)、d)、e)、j)、k)、l)、m)、n)项内容:

a) 初次使用农用水泵前,应详细阅读使用说明书,明确安全操作规程和危险部件安全警示标志所提示的内容,了解农用水泵的结构,熟悉其性能和操作方法;

b) 使用前应检查农用水泵上的安全标志、操作指示和产品铭牌有无缺损,缺损时应及时补全或作其他有效处理;

c) 水源应能满足农用水泵连续运转;

d) 启动农用水泵前应确认机器旁边没有无关人员;

e) 农用水泵工作时不应搬动;

f) 配套动力为内燃机的农用水泵不得在密闭的室内或过道等通风不良的地方使用。如在室内使用,应设置通风窗、通风口、百叶窗等,以便运行中能保持通风良好;

g) 配套内燃机不得在润滑油和燃油不正确的情况下启动和运行;

h) 配套内燃机排气口方向不得有人;

i) 农用水泵工作时不得给其配套内燃机补充燃油或润滑油;

j) 电动机不得在接地装置或引出线未可靠接地的情况下启动和运行;

k) 不得撞击、碾压电缆,不得把电缆作为起吊绳索之用;

l) 农用水泵运行过程中,不得随意拉动电缆,以避免电缆损坏而发生触电事故;

m) 未切断电源时不得对工作中的农用水泵进行调整;

n) 电动机需安装的电器部分应由专业人员完成。

ICS 65.040.20
B 93

中华人民共和国农业行业标准

NY 1025—2006

青饲料切碎机安全使用技术条件

Technical requirements for succulence mincer operating safely

2006-07-10 发布

2006-10-01 实施

中华人民共和国农业部 发布

NY 1025—2006

前　言

本标准附录 A、附录 B、附录 C 都是资料性附录。

本标准由中华人民共和国农业部提出。

本标准由全国农业机械标准化技术委员会农业机械化分技术委员会归口。

本标准起草单位：中华人民共和国农业部农用动力机械及零配件质量监督检验中心（成都）、国家牧业机械质量监督检验中心、四川省农业机械管理局、成都天森饲料设备制造有限公司。

本标准主要起草人：赵一平、吴淑琴、王新明、陈晖明、郭忠平、应文胜、庞跃。

青饲料切碎机安全使用技术条件

1 范围

本标准规定了青饲料切碎机安全使用中的一般要求、安全要求和安全操作要求。

本标准适用于青饲料切碎机,其他机具可参照采用。

2 规范性引用文件

下列文件中的条款通过本标准的引用而成为本标准的条款。凡是注日期的引用文件,其随后所有的修改单(不包括勘误的内容)或修订版均不适用于本标准,然而,鼓励根据本标准达成协议的各方研究是否可使用这些文件的最新版本。凡是不注日期的引用文件,其最新版本适用于本标准。

GB 9239　刚性转子平衡品质　许用不平衡的确定

GB 9969.1　工业产品使用说明书　总则

GB 10395.1—2001　农林拖拉机和机械安全技术要求第一部分:总则

GB 10396　农林拖拉机和机械、草坪和园艺动力机械安全标志和危险图形　总则

3 一般安全要求

3.1　青饲料切碎机的设计、制造应保证使用者按产品使用说明书操作和维护保养时没有不合理危险。

3.2　当在设计和制造上采取了安全措施后仍有遗留风险时,应在机器明显部位标注安全警示标志。

4 安全要求

4.1　外露旋转件、运动件应有安全防护装置。防护装置应符合 GB 10395.1—2001 中第 6 章的规定。

4.2　采用金属网防护装置时,网孔尺寸应符合 GB 10395.1—2001 中 7.1.6 条的规定。

4.3　在青饲料切碎机上已安装电机或电机位置已确定的,皮带及皮带轮必须带防护罩出厂。当电机安装位置未确定或用其他动力时,必须在使用说明书中提示用户自制皮带及皮带轮的防护罩。

4.4　喂料口至切刀或输送辊的安全距离应符合本标准 4.7 条的规定,不得随意缩短喂料口上缘防护罩。

4.5　切刀部件应封闭作业,不得裸露。

4.6　青饲料切碎机喂料口离地高度应不大于 1 100 mm。

4.7　无机械喂入装置的青饲料切碎机喂料口上缘至切刀的最小距离应不小于 550 mm;有机械喂入装置的青饲料切碎机喂入辊轴线至喂料口的水平距离应符合:

当生产率不大于 0.4 t/h 时,应不小于喂料口宽度的 3 倍;

当生产率不小于 0.4 t/h 时,应不小于 450 mm。

4.8　切青贮玉米秸秆为主的青饲料切碎机,最高空载转速应不超过 1 000 r/min;切红薯藤等蔬菜为主的青饲料切碎机,最高空载转速应不超过 1 800 r/min。

4.9　青饲料切碎机的空载噪声应不大于 85 dB(A)。

4.10　青饲料切碎机所配电机、电器应可靠接地。

4.11　切刀总成静平衡试验应达到 GB 9239 规定的 G16 级。使用单刀的青饲料切碎机,需对切刀作静平衡试验,使用多刀的青饲料切碎机,应对刀轮或辊筒作静平衡试验,且任意两动刀片之间质量差应不超过实际质量的 2%;动、定切刀应用不低于 8.8 级的高强度螺栓和不低于 8 级的高强度螺母锁紧。

NY 1025—2006

4.12 青饲料切碎机上、下机壳应有可靠的锁紧装置。

4.13 各部件的联接、焊合应牢固可靠,保证在正常使用中不产生松动和脱焊。

4.14 无机械喂入装置的青饲料切碎机应配置非金属手持式推料板,该推料板伸进料筒时,应保证不得接触切刀。

4.15 在喂料口、排料口、防护装置等对操作者有危险的部位,必须有醒目、永久的安全标志。安全标志的构成、颜色、尺寸等应符合 GB 10396 的规定。安全标志示例,参见附录 A、附录 B、附录 C。

4.16 在机体明显部位,应醒目标注切刀转向箭头,"严禁超速"字样,该标志应是永久性的。

4.17 使用无文字安全标志的产品,应使用特殊安全标志(见附录 C 中 C.5)。

4.18 永久性标志考核方法:用沾水湿布擦拭标志 15 s 后,再用布沾汽油擦拭 15 s,标志应粘贴牢固、无卷边,字迹应清晰。

4.19 青饲料切碎机应随机配备使用说明书,使用说明书应符合 GB 9969.1 的规定。

4.20 使用说明书中应给出安全标志的固定位置。使用无文字带安全标志时,使用说明书中还应给出安全标志的解释。

4.21 使用说明书应有安全操作规定,并应符合第 5 章的要求。

5 安全操作要求

5.1 使用机器前,操作者应按使用说明书的要求检查机器各紧固件是否牢固,各运动件是否灵活,电机、电器是否可靠接地,动、定切刀间隙是否符合要求,标识和安全标志是否齐全,并按使用说明书的规定进行调整和保养。

5.2 应根据青饲料切碎机的铭牌规定,配置相应的动力和转速,严禁超速作业。

5.3 切碎的物料中应防止混入铁器、石块等杂物。

5.4 未满 16 周岁的青少年和年满 60 周岁以上的老人不应单独作业,未掌握青饲料切碎机使用方法的人不应单独作业。

5.5 操作人员不应在酒后、带病或过度疲劳时开机作业。

5.6 操作者操作时须穿紧身衣服,扎紧袖口,不得戴手套,长发者还应戴安全帽。

5.7 操作者喂料时,应站在喂料口的侧面,以防硬物从喂料口飞出伤人。

5.8 操作者及旁观者不应站在切刀旋转方向及排料口处。

5.9 机器工作时,操作人员不应拆卸或缩短各部位防护罩,不应随便离开机器,应集中注意力。

5.10 机器运转时严禁在喂料口、排料口用手或铁棒清除堵塞物,排除故障时应拆卸皮带。

5.11 作业时如发生异常声响,应立即切断动力停机检查,禁止机器运转时排除故障。

5.12 无机械喂入装置的青饲料切碎机最后物料的喂入,必须使用非金属手持式推料板喂料。

5.13 更换切刀固定螺栓时,必须使用高强度螺栓。更换动刀片时应符合本标准 4.11 条规定。

5.14 机器长期停用后再次使用时,须按本章 5.1 条规定进行检查、调整和保养。

附　录　A

（资料性附录）

符号带和文字带组成的安全标志示例

警　告

1. 切刀或输送辊会
   轧断手指或手掌
2. 机器工作时不得
   拆下喂入罩
3. 机器运转时严禁
   手触及切刀或输
   送辊

**图 A.1　喂料口安全标志
　　示例**

警　告

1. 排料口会抛出物
   体伤人
2. 机器工作时，排
   料口及切刀旋转
   方向严禁站人
3. 严禁超速运转

**图 A.2　排料口或机体安全
　　标志示例**

警　告

1. 皮带传动装置缠
   绕手或手臂
2. 机器工作时，不
   得打开或拆下防
   护罩

**图 A.3　防护装置安全标志
　　示例**

NY 1025—2006

附 录 B

（资料性附录）

图形带和文字带组成的安全标志示例

1. 机器工作时不得
   拆下喂入罩
2. 机器运转时严禁
   手触及切刀或输
   送辊

1. 机器工作时排料
   口及切刀旋转方
   向严禁站人
2. 严禁超速运转

机器工作时，不得
打开或拆下防护罩

图 B.1 喂料口安全标志
示例

图 B.2 排料口或机体安全
标志示例

图 B.3 防护装置安全标志
示例

附　录　C

（资料性附录）

无文字安全标志要求和示例

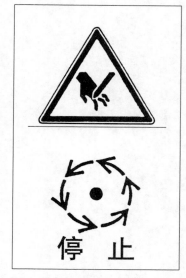

图 C.1　机器运转时,严禁人
触及切刀或输送辊

图 C.2　机器工作时,排料口及
切刀旋转方向严禁站人

图 C.3　机器工作时,不得打开
或拆下安全防护装置

图 C.4　产品中使用无文字安全标
志时使用的文字"阅读使
用说明书"安全标志

图 C.5　产品中使用无文字安全标志
时使用的无文字"阅读使用
说明书"安全标志

ICS 65.060
B 15

中华人民共和国农业行业标准

NY 1232—2006

植保机械运行安全技术条件

Technical requirements of operation safety for plant protection machinery

2006-12-06 发布　　　　　　　　　　　　　2007-02-01 实施

中华人民共和国农业部 发布

NY 1232—2006

前　言

本标准 3.2、3.5、3.6、4.3、4.4、5.2、5.3、6.1、7.1、7.2、8.1、8.3、9.1、9.2、11.2、11.3、11.4 等条款为强制性。

本标准的附录 A、附录 B 为规范性附录。

本标准由中华人民共和国农业部提出。

本标准由全国农业机械标准化技术委员会农业机械化分技术委员会归口。

本标准起草单位：农业部农机监理总站、江苏省农机安全监理所、南京农业大学。

本标准主要起草人：丁翔文、姚海、吴晓玲、张耀春、谢传喜、程颖、赵桂龙、张国凯。

植保机械运行安全技术条件

1 范围

本标准规定了植保机械作业安全的基本技术要求。

本标准适用于机动植保机械的安全技术检验,手动植保机械亦可参照执行。

2 规范性引用文件

下列文件中的条款通过本标准的引用而成为本标准的条款。凡是注日期的引用文件,其随后所有的修改单(不包括勘误的内容)或修订版均不适用于本标准,然而,鼓励根据本标准达成协议的各方研究是否可使用这些文件的最新版本。凡是不注日期的引用文件,其最新版本适用于本标准。

GB 10395.1 农林拖拉机和机械 安全技术要求 第1部分 总则

GB 10395.6 农林拖拉机和机械 安全技术要求 第6部分 植物保护机械

GB 10396 农林拖拉机和机械、草坪和园艺动力机械安全标志和危险图形 总则

3 整机

3.1 标牌、编号、标记齐全,字迹清晰,并牢固地固定在机具的明显位置上。标牌应标明商标品牌、产品名称、型号、生产制造厂名称、生产日期及主要技术参数。

3.2 涉及操作者安全的部位,应固定有永久性的安全警示标志,安全警示标志应符合 GB 10396 的规定。

3.3 整机应完整,外观整洁。各连接部位联结应可靠。各零部件无毛刺、裂纹、锈渍、变形、缺损等缺陷。

3.4 正常作业时,无卡滞、碰擦、异常振动,无异常温升。

3.5 各零部件及连接处密封可靠,不得出现农药和其他液体泄漏现象。

3.6 背负式喷雾喷粉机的耳旁噪声应符合表1的规定。

表1 背负式喷雾喷粉机耳旁噪声限值

dB(A)

汽油机标定功率(kW)	汽油机标定转速(r/min)		
	≤5 500	>5 500～7 000	>7 000
≤1.5	≤97	≤98	≤99
>1.5～2.3	≤99	≤100	≤101
>2.3	≤101	≤102	≤103

4 发动机

4.1 零部件齐全,外观整洁,无裂纹、无变形、无异响。

4.2 不漏油、不漏水、不漏气、排气烟色正常。

4.3 油门操纵灵活,转速平稳。

4.4 关闭油门或操纵熄火拉钮或按钮,即能停止运转。

4.5 发动机的起动轮、排气管等危险部位应设有安全防护罩。

NY 1232—2006

5 药箱

5.1 药箱应有明显的容量标示线。操作者给药箱加液时,应能清楚地看到液面的高度。

5.2 药箱盖不应出现意外开启或松动现象。

5.3 向背负式药箱注入额定容量的清水,盖紧药箱盖,将药箱向任何方向与垂直线成45°倾斜,不应有液体从药箱盖、通气孔等地方漏出。

5.4 压缩式喷雾器的药箱应设置安全保护装置,安全阀放气压力应满足:大于最高工作压力;不大于1.2倍最高工作压力。

6 液泵

6.1 机动液泵应具有调压、卸荷装置,当关闭泵出口截止阀时,压力增值不得超过调定压力值的20%。卸压装置卸荷时,泵压应降到1 MPa以下。再加荷时,泵压应恢复到原调定压力值。

6.2 配带液泵的机动喷雾机应安装有能显示相应工作压力的压力表或压力计。

6.3 机动液泵的外露传动装置应有符合GB 10395.1规定的安全防护装置。

7 风机

7.1 风机叶轮应无损伤、松动和明显变形,转动平稳无异响。

7.2 风机进风口应装有滤网和安全防护罩。

8 承压部件

8.1 喷头、喷杆、截流阀、承压软管、软管接头、空气室、压力表(压力计)等承压部件,应具有良好的耐压性能,在1.5倍工作压力下保持1 min,不允许出现破裂渗漏等现象。

8.2 喷头在标定的工作压力下,雾化性能良好,无明显的粗大流束和滴漏;喷头喷雾量偏差应不大于标定喷量的±10%,喷雾角偏差应不大于±10°(喷雾量及喷雾角检验按附录A和附录B规定的方法进行)。

8.3 拖拉机配套喷雾机及自走式喷雾机的喷头应配有防滴装置。在正常工作时,关闭截流阀5 s后,滴漏的喷头不超过3个,每个喷头滴漏滴数不大于10滴/min。

8.4 喷射部件应配置过滤装置,过滤装置应保持畅通。

9 喷杆折叠机构

9.1 喷杆折叠机构可能产生挤夹和剪切危险的部位,应设有保护装置或警告标志,保护装置或警告标志的设置应符合GB 10395.6的规定。

9.2 在运输过程中,喷雾机喷杆能牢靠地固定在运输位置。

10 背带

10.1 背负式喷雾机(器)的背带应完整无损,有足够宽度和强度,其长度应可调节。

10.2 背负式机动喷雾机背垫及背带上,应装备能充分吸收振动的软垫。

11 其他

11.1 操作者操作机具时,应能方便地切断通向喷头的液流。

11.2 拖拉机配套喷雾机和自走式喷雾机的输液管路(除清水外),不允许穿过驾驶室;未装备驾驶室的,不允许紧靠操作者座位。

11.3 拖拉机配套喷雾机和自走式喷雾机应配备一个容积至少为 15 L 的清洁水箱。

11.4 拖拉机配套喷雾机动力输出轴应有防护罩。

NY 1232—2006

附　录　A

（规范性附录）

喷雾量检验方法

A.1 喷头喷雾量测定方法:在喷头试验台上,测定在标定工作压力下喷头的喷雾量。采用量筒或量杯收集喷雾液,测定三次,取平均值,再根据标定喷雾量计算喷头喷雾量偏差。

A.2 喷枪喷雾量测定方法:在标定工作压力下测定,压力表装在喷枪末端,用容器收集喷雾液并在磅秤上称量,计算喷枪喷雾量,测定三次,再根据额定喷雾量计算喷枪喷雾量偏差。

附 录 B
（规范性附录）
喷雾角测定方法

　　将喷头安装在喷头试验台上，在标定工作压力下喷雾，在下述三种测试方法中任选一种测定喷雾角：

B.1　用量角器直接测量雾流外缘的夹角。

B.2　用摄影方法拍下雾流的下投影，然后在照片上用量角器测量出喷雾角。

B.3　在喷头试验台上，量出喷洒幅宽和喷头高度，再计算出喷雾角。

ICS 65.060
B 91

中华人民共和国农业行业标准

NY/T 1410—2007

粮食清选机安全技术要求

Safety Technical Requirement for Cereals Cleaning Machine

2007-06-14 发布　　　　　　　　　2007-09-01 实施

中华人民共和国农业部 发布

NY/T 1410—2007

前　言

本标准的 3.3 条、3.4 条、4.1 条、4.3 条和第 5 章为强制性的,其余为推荐性的。

本标准的附录 A、附录 B、附录 C、附录 D 为资料性附录。

本标准由中华人民共和国农业部提出。

本标准由全国农业机械标准化技术委员会农业机械化分技术委员会归口。

本标准起草单位:农业部农产品加工机械设备质量监督检验测试中心(沈阳)、山东同泰机械集团股份有限公司。

本标准主要起草人:白阳、丁宁、任峰、吴义龙、孙本珠、赵伟。

粮食清选机安全技术要求

1 范围

本标准规定了粮食清选机设计、制造、使用等方面的安全要求。

本标准适用于各种粮食清选机和种子清选机(以下简称清选机)。

2 规范性引用文件

下列文件中的条款通过本标准的引用而成为本标准的条款。凡是注日期的引用文件,其随后所有的修改单(不包括勘误的内容)或修订版均不适用于本标准,然而,鼓励根据本标准达成协议的各方研究是否可使用这些文件的最新版本。凡是不注日期的引用文件,其最新版本适用于本标准。

GB/T 9239.1—2006 机械振动 恒态(刚性)转子平衡品质要求 第1部分:规范与平衡允差的检验(eqv ISO 1940-1:2003)

GB/T 9480 农林拖拉机和机械、草坪和园艺动力机械使用说明书编写规则(eqv ISO 3600:1996)

GB 10395.1—2001 农林拖拉机和机械 安全技术要求 第1部分:总则(eqv ISO 4251-1:1989)

GB 10396 农林拖拉机和机械、草坪和园艺动力机械 安全标志和危险图形 总则(eqv ISO 11684:1995)

3 安全设计要求

3.1 零部件连接

各零部件的连接应牢固可靠,紧固件应有措施保证不因振动等情况而产生松动。

3.2 防止共振

清选机应采用避免机器产生共振现象的措施。

3.3 防护装置

3.3.1 清选机传动件、外伸的轴端及风机外露的进风口都应有防护装置。

3.3.2 防护装置应能保证人体任何部位不会触及转动部件,并不妨碍机器操作和保养。

3.3.3 防护装置应耐老化并有足够的强度,保证人体触及时不产生变形或位移。

3.3.4 采用金属网防护装置时,金属网孔尺寸应符合 GB 10395.1—2001 中7.1.5的规定。

3.3.5 风筛式清选机杂余搅龙出口密封齿板应兼有安全防护作用,手指穿过密封齿板至搅龙的安全距离应符合 GB 10395.1—2001 中7.1.5的规定。

3.3.6 以电动机为动力的清选机,动力传动系统应有安全防护装置。以柴油机、拖拉机、农用运输车等为动力的清选机,在使用说明书中应提醒用户,使用时应配备安全防护装置或采取其他安全防护措施。

3.4 标志

3.4.1 防护装置、外露运动的筛体、杂余搅龙出口密封齿板等对人体有危险部位应有醒目的安全标志。安全标志的型式、颜色、尺寸应符合 GB 10396 的规定。安全标志示例参见附录A、附录B、附录C。

3.4.2 无文字安全标志的产品上,应用特殊的安全标志,参见附录D。

3.4.3 清选机应在醒目位置标明主要旋转件的转向。

4 制造及验收要求

4.1 清选机所有风机的转子及转速超过 400 r/min 或质量大于 3 kg 的皮带轮的静平衡品质等级应达

NY/T 1410—2007

到 GB/T 9239.1—2006 中表 1 规定的 G 16 级；筛箱驱动装置的平衡品质等级应达到 GB/T 9239.1—2006 中表 1 规定的 G 100 级。

4.2 防护装置、操作机构手柄、运动的筛体的颜色应醒目并区别于主机。

4.3 清选机出厂前，应进行空运转试验。空运转应在设计转速下进行，试验时间不少于 10 min，应满足下列要求：

    a) 机器应启动正常，运转平稳、灵活，不应有卡滞、摩擦现象和异常的碰撞、振动等声音。

    b) 各联接件和紧固件不应有松动现象。

4.4 清选机工作区域的噪声不超过 87 dB(A)。

5 使用说明书

5.1 随机提供的使用说明书应按 GB/T 9480 的规定进行编写。

5.2 使用说明书中应重现机器上的安全标志，安全标志应清晰易读。并说明安全标志的固定位置。

5.3 使用无文字安全标志时，使用说明书中应用文字解释安全标志的意义。

5.4 使用说明书中应有详细的安全使用注意事项，其内容应包含第 6 章的规定。

6 使用要求

6.1 作业前

6.1.1 初次使用前，操作者应认真阅读使用说明书，了解清选机的结构，熟悉其性能和操作方法。

6.1.2 安装基础应坚实、牢固、水平。

6.1.3 应根据产品说明书规定选配动力，不应改变产品说明书规定的各传动轴转速。

6.1.4 所需要的电器连接件，应能承受所规定的电流、电压，并应安装过载保护装置。

6.1.5 电动机应有可靠的接地保护。

6.1.6 清选机的工作场地应宽敞、通风、留有足够的退避空间，备有可靠的灭火设备。

6.2 作业时

6.2.1 严禁酒后、孕妇、未成年人操作。

6.2.2 开机前应按使用说明书的规定进行调整和保养，在保证人机安全的情况下，方可开机，空运转 2 min～3 min 后，无异常现象方能进料。

6.2.3 工作时如发生异常声响应立即停机检查，严禁在机器运转时排除故障。

6.2.4 发生断电等异常停机时，应将机内物料清空后再启动机器。

6.2.5 工作完毕，应待机器内部物料全部排出后，再空运转 1 min～2 min 方可停机。

6.2.6 清选机应在静止状态下启动。重新启动时，应在机器停稳后再启动。

附 录 A

（资料性附录）

符号带和文字带组成的安全标志示例

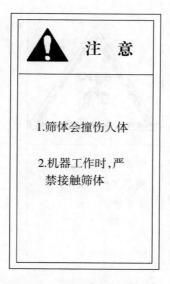

图 A.1　防护装置安全
标志示例

图 A.2　筛体安全标志示例

图 A.3　密封齿板安全
标志示例

NY/T 1410—2007

附 录 B

（资料性附录）

图形带和文字带组成的安全标志示例

图 B.1 防护装置安全
标志示例

图 B.2 筛体安全标志示例

图 B.3 密封齿板安全
标志示例

附 录 C
（资料性附录）
无文字安全标志示例

图 C.1 防护装置安全
标志示例

图 C.2 筛体安全标志示例

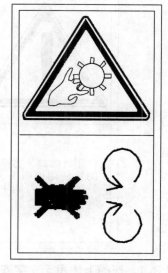

图 C.3 密封齿板安全
标志示例

附 录 D
（资料性附录）
阅读使用说明书安全标志示例

图 D.1 产品上使用无文字安全标志时使
用的文字"阅读使用说明书"
安全标志示例

图 D.2 产品上使用无文字安全标志时使
用的无文字"阅读使用说明书"
安全标志示例

ICS 65.060.50
B 91

中华人民共和国农业行业标准

NY 1416—2007

玉米剥皮机安全技术要求

Safety Technical Requirement for Cornhusker

2007-06-14 发布   2007-09-01 实施

中华人民共和国农业部 发布

NY 1416—2007

前　言

本标准为强制性标准。

本标准的附录 A、附录 B、附录 C、附录 D 是资料性附录。

本标准由中华人民共和国农业部提出。

本标准由全国农业机械标准化技术委员会农业机械化分技术委员会归口。

本标准起草单位：吉林省农业机械试验鉴定站、四平市龙业机械厂。

本标准主要起草人：唐力、周明新、李龙春、潘连启、高晓辉、阮春光。

玉米剥皮机安全技术要求

1 范围

本标准规定了玉米剥皮机产品设计制造安全要求、安全标志、使用说明书、安全使用要求。

本标准适用于玉米剥皮机(以下简称"剥皮机")。

2 规范性引用文件

下列文件中的条款通过本标准的引用而成为本标准的条款。凡是注日期的引用文件,其随后所有的修改单(不包括勘误的内容)或修订版均不适用于本标准,然而,鼓励根据本标准达成协议的各方研究是否可使用这些文件的最新版本。凡是不注日期的引用文件,其最新版本适用于本标准。

GB/T 9480—2001 农林拖拉机和机械、草坪和园艺动力机械 使用说明书编写规则(eqv ISO 3600:1996)

GB 10396 农林拖拉机和机械、草坪和园艺动力机械 安全标志和危险图形 总则(ISO 11684:1995,mod)

3 设计制造安全要求

3.1 整机

3.1.1 传动系统、剥皮辊压紧度调整应保证操作方便,调整灵活,定位可靠。剥皮辊压紧度调整弹簧应有防护套。

3.1.2 机架、轴承座应坚固可靠,保证在工作中不因震动等情况产生损坏、松动和变形。

3.1.3 旋紧后的紧固螺栓外露凸出部分应小于螺栓的直径。

3.2 防护装置

3.2.1 传动系统、剥皮装置、出料口应有防护装置。

3.2.2 防护装置应有足够的强度、刚度,在正常使用中不得产生裂缝、撕裂或永久变形。

3.2.3 防护装置应牢固,耐老化,无尖角和锐棱,保证在使用期内不损坏。

3.2.4 防护装置应为固定式,包括使用紧固件、开口销或其他用普通手工工具能拆卸的装置固定。

3.2.5 采用金属网防护装置时,金属网格大小距剥皮辊或传动系统距离应符合表1规定。

表 1 防护装置网孔或网格及安全距离

单位为毫米

肢 体	开口宽度(直径或边长)	距剥皮辊或传动系统的距离
手指尖	4＜a≤8	≥15
手指	8＜a≤25	≥120
手	25＜a≤40	≥200
手臂	40＜a≤250	≥850

3.3 喂入装置

3.3.1 喂入料斗的喂入端距剥皮辊的长度应不小于850 mm。

3.3.2 从喂入料斗垂直于剥皮辊方向观察应不可见剥皮辊。

NY 1416—2007

3.4　控制装置

3.4.1　剥皮机以电动机为动力源时,应有防水控制开关、接地线。电动机应配置在通风良好,避开被玉米叶覆盖的位置。

3.4.2　剥皮机以内燃机为动力源时应有离合装置。

3.4.3　剥皮机以电动机和内燃机两用动力源时,应有电动机控制开关和离合装置。

3.4.4　控制开关、离合装置,应在操作者正常作业容易接触的位置上。

3.4.5　离合装置应操作灵活、定位可靠。

3.4.6　电动机控制开关、离合装置操纵手柄颜色,应与其他部件和背景颜色有明显的色差。

3.4.7　电源线应采用橡胶绝缘电缆。

4　安全标志

4.1　传动系统的防护装置、喂入料斗喂入口、剥皮装置的防护装置、出料口防护装置上应有安全标志。安全标志的基本形式、颜色、尺寸等应符合 GB 10396 的规定。安全标志示例参见附录 A、附录 B、附录 C。

4.2　使用无文字安全标志的产品上,应使用一种特殊安全标志(参见附录 D)指示操作者阅读使用说明书,了解该产品所用安全标志的解释。

4.3　离合装置应有离合操作方向标志,传动系统应有旋转方向箭头标志。

4.4　安全标志应鲜明、醒目、应位于清晰易见的位置。

5　使用说明书

5.1　随机提供的使用说明书应按 GB/T 9480—2001 的规定编写。

5.2　使用说明书应有详细的安全使用规定,其内容应包含本标准第 6 章内容。

5.3　使用说明书中应对使用无文字安全标志的标志作出解释。

5.4　使用说明书中应指出安全标志所粘贴的位置,标志丢失或不清晰时需要更换的说明。

6　安全使用要求

6.1　作业前

6.1.1　认真阅读使用说明书,掌握安全使用规定,了解危险部位安全标志所提示的内容。

6.1.2　按产品使用说明书的规定进行调整和保养。各联结件、紧固件应紧固,不得有松动现象。

6.1.3　仔细检查喂入料斗和剥皮辊,确认其无硬物。

6.1.4　检查、调整传动系统和剥皮辊压紧度。

6.1.5　检查传动系统、剥皮装置、出料口的防护装置。

6.1.6　在确保安全的情况下,空运转 5 min～6 min,待运转正常再进行喂入。

6.2　作业时

6.2.1　操作者作业时,要穿好紧袖、紧身衣服,不允许戴手套,必要时操作者要戴工作帽。

6.2.2　送入喂入料斗的玉米穗内严禁混入硬杂物,严禁用木棒、金属棒强行喂入。严禁在作业时用手推、搜夹在剥皮辊中的玉米穗。

6.2.3　当剥皮机发生堵塞或其他异常情况时,应立即停机检查处理、清除故障、装好防护装置后再开机。

6.2.4　严禁老人和儿童操作,严禁酒后和过度疲劳者操作。

附 录 A
（资料性附录）
符号带和文字带组成的安全标志示例

警告

1.传动系统缠绕手或手臂

2.机器工作时不得拆下或
  打开防护装置

图 A.1 传动系统防护装置
安全标志示例

警告

1.剥皮辊缠绕手或手臂
2.机器工作时不得拆下
  或打开防护装置
3.机器工作时严禁手触
  及剥皮辊
4.发生堵塞时切断动力
  源清理

图 A.2 剥皮装置防护装置
安全标志示例

警告

1.剥皮辊缠绕手

2.机器工作时不得拆下喂
  入料斗防护装置

图 A.3 喂入料斗喂入口防护
装置安全标志示例

附 录 B

（资料性附录）

图形带和文字带组成的安全标志示例

机器工作时不得拆下
或打开防护装置

图 B.1　传动系统防装置
安全标志示例

1.机器工作时不得拆下或
打开防护装置

2.机器工作时严禁手触及
剥皮辊

3.发生堵塞时切断动力源清
理

图 B.2　剥皮装置防护装置
安全标志示例

机器工作时不得拆下喂入
料斗防护装置

图 B.3　喂入料斗喂入口防护
装置安全标志示例

附 录 C
（资料性附录）
无文字带安全标志示例

图C.1　传动系统防护装置
　　　　安全标志示例

图C.2　剥皮装置防护装置
　　　　安全标志示例

图C.3　喂入料斗喂入口防护
　　　　装置安全标志示例

附　录　D

（资料性附录）

阅读使用说明书安全标志示例

图 D.1　产品中使用无文字安全标志
时使用的文字"阅读使用说明
书"安全标志示例

图 D.2　产品中使用无文字安全标志时
使用的无文字"阅读使用说明
书"安全标志示例

ICS 65.020.99
B 91

中华人民共和国农业行业标准

NY 1644—2008

粮食干燥机运行安全技术条件

Safety specifications for grain dryer operation

2008-07-14 发布

2008-08-10 实施

中华人民共和国农业部 发布

NY 1644—2008

前　言

本标准的附录 A、附录 B、附录 C 和附录 D 为资料性附录。

本标准由中华人民共和国农业部提出。

本标准由全国农业机械标准化技术委员会农业机械化分技术委员会归口。

本标准起草单位:农业部农机监理总站、农业部干燥机械设备质量监督检验测试中心。

本标准主要起草人:丁翔文、姚海、潘九君、高广智、邢佐群、崔士勇、吴君。

粮食干燥机运行安全技术条件

1 范围

本标准规定了粮食干燥机及配套设备结构安全要求、环境保护、安全标志和安全使用要求。

本标准适用于粮食干燥机及配套设备(以下简称干燥机)的安全监督检查。

2 规范性引用文件

下列文件中的条款通过本标准的引用而成为本标准的条款。凡是注日期的引用文件,其随后所有的修改单(不包括勘误的内容)或修订版均不适用于本标准,然而,鼓励根据本标准达成协议的各方研究是否可使用这些文件的最新版本。凡是不注日期的引用文件,其最新版本适用于本标准。

GB/T 3768 声学 声压法测定噪声源声功率级 反射面上方采用包络测量表面的简易法(GB/T 3768—1996,eqv ISO 3746:1995)

GB/T 3797—2005 电气控制设备

GB 4053.1 固定式钢直梯安全技术条件

GB 4053.3 固定式工业防护栏杆安全技术条件

GB/T 5748 作业场所空气中粉尘测定方法

GB/T 9480 农林拖拉机和机械、草坪和园艺动力机械使用说明书编写规则(GB/T 9480—2001,eqv ISO 3600:1996)

GB 10395.1—2001 农林拖拉机和机械 安全技术要求 第1部分:总则(eqv ISO 4254—1:1989)

GB 10396 农林拖拉机和机械、草坪和园艺动力机械 安全标志和危险图形 总则(GB/T 10396—2006,ISO 11684:1995,MOD)

GB 13271 锅炉大气污染物排放标准

GB 17440 粮食加工、储运系统粉尘防爆安全规程

GB 50057 建筑物防雷设计规范

3 结构安全要求

3.1 结构性能

3.1.1 干燥机塔体的整体框架应能保证干燥机的承重和抗风雪载荷的强度要求,防止出现倾斜和倒塌事故;角状盒板及箱体内侧板的材质和厚度应耐磨损或防锈蚀,保证干燥机的使用寿命≥10年。

3.1.2 热风炉管式换热器的管壁厚度应保证换热器的使用寿命≥5年(大修除外)。

3.1.3 燃烧煤、稻壳等固体燃料的热风炉在炉膛和换热器之间应设置沉降室。沉降室容积为:热功率≤1.4 MW时,≥炉膛容积的50%;热功率>1.4 MW时,≥炉膛容积。

3.1.4 各零部件的连接应牢固可靠,紧固件应有防松措施。

3.1.5 干燥机机体的结构及配风应合理,干燥机内不应有杂质堆积、与谷物分层或局部过干的烘干死角(区)。干燥机的内表面应平滑,保证粮食流动通畅,防止粮食和杂质积聚,不得带有凸台、凹槽等结构。装配式干燥机及金属粮仓连接螺栓的螺杆应朝向机外。

3.1.6 输送量≥100 t/h的提升机,在垂直机壳处应设置泄爆口,泄爆口面积≥1 m²/机筒容积(6 m³),泄爆装置应用轻质低惯性材料制造,机头部分应有不低于机筒截面积的泄爆面积,室外使用的泄爆装置

NY 1644—2008

应防水、防老化和耐低温。

3.1.7 干燥机上盖和机体应设置检查、清理及维修的手孔,其孔盖与机身的连接设计应不必使用任何工具就可方便地从任何一侧打开,通过该手孔可将堵塞在排粮机构任何部位的杂质清除干净。

3.1.8 多点(辊)排粮干燥机的排粮机构各组运动部件和固定部件之间的间隙(排粮口尺寸)应相等且可调。

3.1.9 干燥机排粮装置(机构)应具有足够的强度和刚度,工作时不得产生变形。

3.2 防护装置

3.2.1 干燥机的风机和排粮减速机、热风炉的风机和减速机、提升机头轮电机和带式输送机的皮带轮、链轮等外露回转件及风机外露的进风口都应有防护装置,防护装置应符合 GB 10395.1—2001 的规定。

3.2.2 换热器进风口应加防杂物网,安装在地面上的换热器底部应加防鼠网,除换热器和风机进风口处,采用金属网防护装置的网孔尺寸应符合 GB 10395.1—2001 中 7.1.5 的规定。

3.2.3 外设人(钢直)梯应设置护笼,护笼的设置高度应符合 GB 4053.1 的要求;顶部及工作平台应设置防护栏杆,栏杆高度应符合 GB 4053.3 的要求。栏杆和护笼均应牢固可靠。

3.2.4 燃烧煤、稻壳等固体燃料的热风炉在炉腔和换热器之间设置副烟道或应急排热口,防止故障停机或突然断电时烧坏换热器,应急排热口应方便打开。

3.2.5 干燥机应均匀或对称设置在发生火情等意外时便于快速开启的紧急排粮口。

3.2.6 在周围 50 m 范围内,干燥机高度超过其他建筑物时应设置防雷措施,防雷措施应符合 GB 50057 的规定。

3.2.7 在−5℃环境温度以下作业的干燥机热风管道和机体四周,应采取防止烫伤的保温措施,保温后的热风管道表面温度应≤45℃;热风炉体的外表面温度应≤65℃。

3.2.8 输送量≥20 t/h、提升高度≥20 m 的提升机,应设置止逆装置,以防满负荷停机时倒转。

3.3 电器设备

3.3.1 电器设备应安全可靠,电器绝缘电阻应≥1 MΩ。

3.3.2 电器控制系统应有可靠接地装置,安装应符合 GB/T 3797—2005 中 4.10 的规定。

3.3.3 直燃式燃油、燃气炉系统内应有火花扑灭装置或其他安全防火措施。

3.3.4 燃油、燃气炉点火装置应安全可靠。

3.3.5 应有热风温度显示和控制系统,粮温用传感器的精度≤0.5%,炉温用传感器的精度≤1.0%,仪表示值(系统)误差应≤3℃。

3.3.6 电控间内应配备声、光等报警装置,工作间和工作现场应配备警铃或报警灯等。

3.3.7 应使用能设定上下限温度的温控仪表,并能实现超温自动报警且有降温调控措施。

3.3.8 干燥机内的上下料位器应与流程前的输送或提升设备实现连锁自动控制,保证干燥机满粮状态。

3.3.9 功率超过 30 kW 的风机电动机应采取二次降压或变频启动等方法,降低启动负荷,减少电耗。

3.3.10 安装在封闭构筑物内的干燥机的电气及控制设备应符合 GB 17440 粉尘防爆规定。电动机应为全封闭型,轴端装有冷却风扇,机壳防护等级为:室内 IP 54,室外 IP 55。

3.3.11 电控间操作者站立的地面必须铺绝缘橡胶板;进行电器维修或电控操作前要切断电源,并有明示安全警示牌。

3.3.12 电动工具在使用前必须检查漏电防护是否安全;有高压线路经过的地方,应有安全警告标志。

4 环境保护

4.1 现场炉渣堆放点与粮食之间应有 10 m 以上的距离或增设隔离装置,除尘器烟尘和干燥机粉尘应密闭收集。

4.2　噪声

干燥机噪声应符合表 1 的规定。噪声测定方法及数据处理应符合 GB/T 3768 的规定。

表 1　噪声指标　　　　　　　　　　　　单位为分贝[dB(A)]

项　　目	指　　标
风机口处	≤90
工作环境	≤85
操作室内	≤70

4.3　粉尘浓度

干燥机作业场所空气中粉尘排放应符合表 2 的规定。粉尘浓度测定方法和数据处理应符合 GB/T 5748 的规定。

表 2　粉尘浓度指标　　　　　　　　　　　单位为毫克/米³

项　　目	指　　标
粉尘浓度	室内≤10；室外≤15

4.4　烟尘排放

燃煤、稻壳等热风炉,燃油炉和燃气炉的烟尘排放浓度、烟气黑度、二氧化硫排放浓度应符合 GB 13271 的规定。

5　安全标志、标识

5.1　防护装置、外露运动的筛体、除尘风机出口等对人体存在危险的部位应有醒目的安全标志。安全标志的型式、颜色、尺寸应符合 GB 10396 的规定。安全标志见附录 A、附录 B、附录 C。

5.2　无文字安全标志的产品上,应用特殊的安全标志,安全标志见附录 D。

5.3　应在醒目位置标明主要旋转件的旋转方向。

6　使用说明书

6.1　随机提供的使用说明书应按 GB/T 9480 的规定进行编写。

6.2　使用说明书中应重现机器上的安全标志,并说明安全标志的固定位置。

6.3　使用无文字安全标志时,使用说明书中应用文字解释安全标志的意义。

6.4　使用说明书中应有详细的安全使用注意事项,其内容应包含第 7 章的规定。

7　操作安全要求

7.1　作业前

7.1.1　对干燥机的操作人员应进行岗前培训,实行持证上岗。

7.1.2　使用前,操作者应认真阅读使用说明书,了解各主要机械的结构,熟悉其性能和操作方法,掌握安全使用规定,了解危险部位安全标志所提示的内容。

7.1.3　按使用说明书的规定进行调整和保养,各联结件、紧固件应紧固,不得有松动现象。

7.1.4　仔细检查喂料斗和干燥机排粮装置,确认其无硬物和土、石块等。

7.1.5　检查、调整传动系统和风机等皮带、传动链的压紧度。

7.1.6　检查传动系统、电控装置、进出料口的防护装置。

NY 1644—2008

7.1.7 在保证安全的情况下启动干燥机,空运转 10 min～15 min,全部运转正常后进行喂料。

7.1.8 干燥机装满谷物后,点火或供热风,当热风温度达到所需值且稳定时,进行循环烘干或先进行循环烘干,待谷物达到所需含水率后进行连续烘干。

7.2 作业时

7.2.1 操作者作业时,要穿好紧袖紧身衣服,裤脚不要太长,防止卷入机内,女性操作者要戴工作帽。

7.2.2 进入干燥机的谷物必须进行清选,含杂率≤2%,严禁混入硬杂物,严禁用木棒、金属棒等在提升机喂入口强行喂入。

7.2.3 开机时按谷物的流动方向,反向从后向前开机;关机时按谷物流动的正(同)向关机。

7.2.4 当成套设备或流程中一台机械发生堵塞或其他异常故障时,关闭故障点前的所有设备,停止进、送料,立即检查处理、清除故障,装好防护装置后再开机。

7.2.5 再次开机前,应先清理提升机底部与各单机交接处的积料,发出开机警告,在保证人机安全的情况下,方可开机,无异常现象方能进料。

7.2.6 严禁酒后和过度疲劳者上岗作业。

7.2.7 严禁在机器运转时排除故障。

7.2.8 发生断电、故障等异常停机时,应打开热风炉副烟道和所有炉门,停止供热风并降低炉温。

7.2.9 工作完毕,待机器内部物料全部排出后,再空运转 3 min～5 min 方可停机。

7.2.10 提升机重新启动时,应先清理干净喂入口及底部堆积物料。

7.2.11 登高作业人员应系安全带和戴安全帽,穿防滑底鞋。

7.3 火灾预防

7.3.1 简易干燥机棚禁止用木板及各类易燃物品制成的板类等建筑,应采用耐火材料。

7.3.2 干燥机周围 1 m 内为危险区,禁止堆放各类种皮、稻壳、秸秆杂余物等易燃物品。

7.3.3 热风室、热风管内、冷风室、冷风管内及废气室应根据烘干量的大小,定期清理内部的轻杂质、粉尘和籽粒。

7.3.4 燃油、燃气炉在不同季节使用的燃料,必须按说明书中规定的执行,严禁使用不好雾化的燃油。

7.3.5 当燃烧器燃烧时,勿给油箱加油。

7.3.6 加油或检修燃料系统时,不许吸烟。

7.3.7 现场应配备灭火器、灭火沙等消防设备或工具,并保持状态良好;现场焊接操作时,附近不得有谷物、种子、油和易燃物品。

7.4 紧急灭火

7.4.1 油炉发生火情,先切断电、气、油源等,然后迅速用灭火器灭火。

7.4.2 发现干燥机塔体内有着火点出现,应立即进行以下操作:

 a) 迅速切断干燥机的电、气、油源等;

 b) 打开紧急排粮口,快速放粮;

 c) 关闭所有风机及闸门;

 d) 关停热风炉、油炉、气炉,打开副烟道和所有炉门降温,煤炉可根据情况适当加煤压火,若换热器损坏不用加煤,应立即停炉;

 e) 加大排粮装置转速,快速排出谷物及燃烧的火块或糊块,将炭结块去除;

 f) 清理干燥机内着火点的残余物,待炉温和干燥机内温度降至常温后,分析查找着火原因并及时处理后重新开机作业。

附　录　A

（资料性附录）

符号带和文字带组成的安全标志示例

1.传动系统缠绕手或手臂

2. 机器工作时不得拆下或打开防护装置

图 A.1　传动系统防护图装置安全标志示例

1.干燥机热风炉或管道热表面烫、烧伤手指或手掌

2. 干燥机工作时远离热风炉和管道热表面

图 A.2　干燥机热源表面安全标志示例

1.风机转动卷入衣物或长发

2.风机工作时远离风机口

图 A.3　风机口安全标志示例

NY 1644—2008

附 录 B

（资料性附录）

图形带和文字带组成的安全标志示例

机器工作时不得拆下或
打开防护装置

图 B.1 传动系统防护装置
安全标志示例

干燥机工作时远离热风炉
和管道热表面

图 B.2 干燥机热源表面
安全标志示例

风机工作时远离风机口

图 B.3 风机口安全
标志示例

附 录 C
（资料性附录）
无文字带安全标志示例

图 C.1 传动系统防护装置
安全标志示例

图 C.2 干燥机热源表面
安全标志示例

图 C.3 风机口安全
标志示例

附　录　D

（资料性附录）

阅读使用说明书安全标志示例

图 D.1　产品中使用无文字安全标志时
使用的文字"阅读使用说明书"
安全标志示例

图 D.2　产品中使用无文字安全标志时使用
的无文字"阅读使用说明书"
安全标志示例

ICS 65.060.20
B 91

中华人民共和国农业行业标准

NY 1821—2009

根茬粉碎还田机安全技术要求

Safety specifications for smashed root-stubble machinery

2009-12-22 发布

2010-02-01 实施

中华人民共和国农业部 发布

前　言

本标准的附录 A 为资料性附录。

本标准由农业部农业机械化管理司提出。

本标准由全国农业机械标准化技术委员会农业机械化分技术委员会归口。

本标准起草单位：吉林省农业机械试验鉴定站、四平市农丰乐机械制造有限公司、长铃集团有限公司技术中心。

本标准主要起草人：周明新、李龙春、潘连启、丛维军、贾俊杰、齐开山、刘新华、张跃臣。

NY 1821—2009

根茬粉碎还田机安全技术要求

1 范围

本标准规定了根茬粉碎还田机产品安全防护、安全标志和使用信息安全要求。

本标准适用于根茬粉碎还田机。

2 规范性引用文件

下列文件中的条款通过本标准的引用而成为本标准的条款。凡是注日期的引用文件，其随后所有的修改单（不包括勘误的内容）或修订版均不适用于本标准，然而，鼓励根据本标准达成协议的各方研究是否可使用这些文件的最新版本。凡是不注日期的引用文件，其最新版本适用于本标准。

GB 10395.1—2001 农林拖拉机和机械 安全技术要求 第1部分：总则（eqv ISO 4254 - 1：1989）

GB 10396 农林拖拉机和机械、草坪和园艺动力机械 安全标志和危险图形 总则（ISO 11684：1995，MOD）

3 整机

3.1 应设有安全可靠的离合、耕深调整（或悬挂升降）机构。

3.2 外露结构件不应有易伤人的尖角、锐棱。

3.3 刀片与刀盘联结应安全可靠。

4 防护装置

4.1 外露的动力传动轴应有防止与其接触的防护套。

4.2 采用 V 带传动装置应设置可靠的防护罩，防护罩的孔、网，其缝隙或直径及安全距离应符合 GB 10395.1—2001 中表3和表4的相关规定。

4.3 顶部的防护装置应覆盖工作部件。

4.4 后部的防护装置应覆盖旋转工作部件，并且在机器作业时始终与地面保持接触。

4.5 前部的防护装置应横跨整个机器宽度，与地面的间隙应不大于400 mm。

4.6 端部的防护装置下边缘应至少覆盖至刀轴水平中心线。

4.7 防护装置应有足够的强度、刚度，耐老化，在正常使用中不得产生裂缝、撕裂或永久变形。

4.8 防护装置安装应牢固，可拆卸的防护装置应借助工具方可拆卸。

5 安全标志

5.1 应在机具的危险部位附近设有醒目的安全标志，安全标志应符合 GB 10396 的规定。安全标志示例参见附录 A。

5.2 离合装置应有明显的离合方向标志，旋转部件应有旋转方向标志。

6 使用信息安全要求

使用说明书应有详细的安全使用规定，至少应包含下述内容：

a) 阅读产品使用说明书，掌握安全使用规定，了解危险部位安全标志所提示的内容的要求。

NY 1821—2009

b)　使用无文字安全标志时对标志含义的解释。

c)　应重现安全标志并指出安全标志所粘贴的位置,应有标志丢失或不清晰时需要更换的说明。

d)　调整和保养的规定。

e)　对机具各联接件、紧固件、旋转部件和安全防护装置进行检查和调整的要求。

f)　若采用通过 V 带由发动机直接向机具传输动力时,不得随意更换原生产厂随机配置的发动机皮带轮的说明。

g)　运输行走时,严禁刀辊旋转,严禁刀辊接触地面的要求。

h)　作业时,不允许先将刀辊着地再旋转起车的要求。

i)　作业时,要放下机尾部的挡板,机器后面严禁站人的要求。

j)　在使用时出现故障,应及时停车熄火检查,不要在机具运转时进行检修的要求。

k)　机器在作业、运输时,严禁在上面站人的要求。

l)　严禁未成年人和未掌握机具性能的人员操作的要求。

m)　严禁操作人员酒后、带病或疲劳时作业的要求。

附　录　A

（资料性附录）

图形带和文字带组成的安全标志示例

为避免发生皮带缠绕
手或手臂等危险：
　　1.机具运转时不得打开
或拆下皮带防护罩
　　2.严禁戴手套更换或调
整皮带

为避免发生旋转齿轮副
缠绕手指或手掌危险：
　　1.机具运转时不得打开
传动箱盖
　　2.检修或更换零件时必
须停机

为避免发生链轮和链条
缠绕手指或手掌危险：
　　1.机具运转时不得打开
传动箱盖
　　2.检修或更换零件时必
须停机

图 A.1　V 带传动安全标志示例　图 A.2　齿轮传动安全标志示例　图 A.3　链条传动安全标志示例

为避免发生旋转刀片切
伤手或手指危险：
　　1.机具运转时，不得打
开或拆下安全防护罩，禁
止手接近刀片
　　2.检修或更换零件必须
停机

为避免发生旋转刀片切
伤脚或腿危险：
　　1.机具运转时，不得打
开或拆下安全防护罩，禁
止脚或腿接近刀片
　　2.检修或更换零件必须
停机

为避免发生旋转部件下
飞出石块和硬物伤及人身
安全危险：
　　机具运转时，不得打开
或拆下安全防护罩，严禁
在机具后面站人

图 A.4　　　　　　　　　图 A.5　　　　　　　　　图 A.6

图 A.4、图 A.5、图 A.6　旋转工作部件防护装置安全标志示例

ICS 65.060.20
B 91

中华人民共和国农业行业标准

NY 1919—2010

耕整机　安全技术要求

Safety requirements for agricultural tiller

2010-07-08 发布　　　　　　　　　　　　　　2010-09-01 实施

中华人民共和国农业部 发布

前　言

本标准依据 GB/T 1.1—2009《标准化工作导则　第 1 部分:标准的结构和编写》编制。

本标准由农业部农业机械化管理司提出。

本标准由全国农业机械标准化技术委员会农业机械化分技术委员会(SAC/TC201/SC2)归口。

本标准起草单位:湖南省农业机械鉴定站、农业部农业机械试验鉴定总站、重庆市农业机械鉴定站。

本标准主要起草人:王志军、宋英、吴文科、王洪明、曲桂宝、王健康、孙松林、杨懿、徐全跃、唐海波。

耕整机 安全技术要求

1 范围

本标准规定了耕整机的术语和定义、离合装置、防护装置、停机装置、座位和其他方面的安全技术要求。

本标准适用于耕整机。

2 规范性引用文件

下列文件对于本文件的应用是必不可少的。凡是注日期的引用文件,仅所注日期的版本适用于本文件。凡是不注日期的引用文件,其最新版本(包括所有的修改单)适用于本文件。

GB/T 4269.1 农林拖拉机和机械、草坪和园艺动力机械 操作者操纵机构和其他显示装置用符号 第1部分:通用符号

GB/T 4269.2 农林拖拉机和机械、草坪和园艺动力机械 操作者操纵机构和其他显示装置用符号 第2部分:农用拖拉机和机械用符号

GB/T 9480—2001 农林拖拉机和机械、草坪和园艺动力机械 使用说明书编写规则

GB 10395.1—2009 农林机械 安全 第1部分:总则

GB 10396 农林拖拉机和机械、草坪和园艺动力机械 安全标志和危险图形 总则

3 术语和定义

下列术语和定义适用于本文件。

耕整机 agricultural tiller

功率不大于6 kW、用于水、旱田(土)的耕地和整地作业的单轮或双轮(双辊)驱动的不含运输功能的机械(含有乘坐或无乘坐)。

4 离合装置

4.1 离合器应确保操作者在正常操作位置能方便可靠地分离动力。

4.2 手动操纵机构分离离合器时应采用向后移动使离合器分离的方式。

5 防护装置

5.1 带(链)轮传动系统应有封闭式防护装置。

5.2 驱动轮的防护应确保操作者在操作时不能触及驱动轮的任何部位,并能遮挡飞溅的泥水。

5.3 防护装置的强度应符合GB 10395.1—2009中4.7.2的要求,在正常使用时不得产生裂缝、撕裂或永久变形。

5.4 防护装置应固定牢固,无尖角和锐棱。

5.5 防护装置不得妨碍机器的操作和保养。

6 停机装置

6.1 应设置动力源停机装置。该装置应为不需要操作者持续施力即可停机。处于停机位置时,只有经过人工恢复到正常位置方能再启动。

NY 1919—2010

6.2 在操作者正常作业位置上能容易地接触到停机装置。

7 座位

7.1 乘座式耕整机的座位应符合 GB 10395.1—2009 中 5.1.2 的要求。

7.2 单轮乘坐式耕整机的座位应能横向移位。

8 其他

8.1 犁耕工作速度不得大于 5 km/h。

8.2 单轮乘座式耕整机最小转向圆半径应不小于 1.6 m。

8.3 以犁托为滑橇的单轮乘座式耕整机,侧向支撑点应在已耕地一侧。

8.4 危险部位和必须提示操作者正确操作的部位应固定永久性安全警示标志,安全警示标志符合 GB 10396 的规定。

8.5 在操纵装置上或附近易见部位应设置表明操作装置功能和方向的操纵符号,操作符号应符合 GB/T 4269.1 及 GB/T 4269.2 的规定。

8.6 使用说明书中的安全内容编制应符合 GB/T 9480—2001 中 4.7 的规定。

ICS 65.060.10
T 60

中华人民共和国农业行业标准

NY 2187—2012

拖拉机号牌座设置技术要求

Technical specifications for license plate holder setting on tractors

2012-12-07 发布

2013-03-01 实施

中华人民共和国农业部 发布

前　言

本标准的全部技术内容为强制性。

本标准按照 GB/T 1.1 给出的规则起草。

本标准由农业部农业机械化管理司提出。

本标准由全国农业机械标准化技术委员会农业机械化分技术委员会(SAC/TC 201/SC 2)归口。

本标准起草单位:农业部农业机械试验鉴定总站、农业部农机监理总站、黑龙江省农业机械试验鉴定站、江苏省农业机械试验鉴定站、中国一拖集团有限公司、江苏常发农业装备股份有限公司。

本标准主要起草人:徐志坚、耿占斌、白艳、郭雪峰、孔华祥、张素洁、廖汉平。

拖拉机号牌座设置技术要求

1 范围

本标准规定了轮式拖拉机号牌座的形状、尺寸和安装要求。

本标准适用于轮式拖拉机、拖拉机运输机组、手扶拖拉机和履带拖拉机。

2 术语和定义

下列术语和定义适用于本文件。

2.1

号牌座 license plate holder

用于安装拖拉机号牌的矩形、刚性平面体。

2.2

拖拉机纵向中心面 medium longitudinal plane of tractor

轮式拖拉机为同一轴上左右车轮接地中心点连线的垂直平分面,接地中心点为通过车轮轴线所作支承面的铅垂面与车轮中心面的交线在支承面上的交点。

履带拖拉机为距左右履带中心面等距离的平面。

3 号牌座形状与尺寸

号牌座的形状和尺寸应符合图 1 的要求,应能使用 M6 的螺栓直接可靠的安装,图中 $a \geqslant 2$ mm,$b \geqslant 7$ mm。

单位为毫米

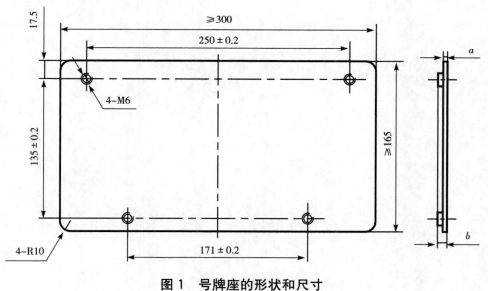

图 1 号牌座的形状和尺寸

4 号牌座设置要求

4.1 设置数量

4.1.1 拖拉机前部应设置一个号牌座。

NY 2187—2012

4.1.2 拖拉机运输机组前部、后部应各设置一个号牌座。

4.2 设置部位

4.2.1 号牌座应设置在拖拉机前部左右对称的中间位置,其下边缘与地面的高度应不小于 0.3 m。

4.2.2 有驾驶室的拖拉机,号牌座宜设置在驾驶室前方最高处的正中间,号牌座上边缘应不超出驾驶室前方的上边缘。

4.2.3 拖拉机运输机组后部的号牌座,应设置在挂车后部下方的中间或左边,号牌座的中点不得处于拖拉机纵向中心面的右方;左边缘不得超出挂车后端左边缘,下边缘离地高度应不小于 0.3 m,离地高度应不大于 2.0 m。

4.2.4 号牌座应竖直安装,其平面应垂直或近似垂直于拖拉机纵向中心面。

4.2.5 拖拉机的号牌座左右对称中心面应与拖拉机纵向中心面重合。

4.2.6 设置在驾驶室上的号牌座,可向前倾斜,最大倾斜角度应不大于 15°。

4.2.7 号牌座材料应不低于 Q235 的强度,厚度应不小于 2 mm。

4.2.8 号牌座宜与机身一体,如结构受到限制,可采用不易拆卸式结构,联接应牢固。

4.3 安全要求

4.3.1 号牌座对驾驶员视野不应有任何遮挡。

4.3.2 号牌座对拖拉机的正常运行、日常维护保养不应有任何影响。

4.3.3 位于拖拉机正前方和正后方(拖拉机运输机组)5 m～20 m 处应能清晰地看到号牌座全貌,不应有视觉死角。

4.3.4 拖拉机运输机组的牌照灯应能照亮号牌座安装区域,其光色应为白色,且只能与位灯同时启闭。

ICS 65.060.50
B 91

中华人民共和国农业行业标准

NY 2188—2012

联合收割机号牌座设置技术要求

Technical specifications for license plate holder setting on combine harvesters

2012-12-07 发布　　　　　　　　　　　　　2013-03-01 实施

中华人民共和国农业部 发布

NY 2188—2012

前　言

本标准的全部技术内容为强制性。

本标准按照 GB/T 1.1 给出的规则起草。

本标准由农业部农业机械化管理司提出。

本标准由全国农业机械标准化技术委员会农业机械化分技术委员会(SAC/TC 201/SC 2)归口。

本标准起草单位:农业部农机监理总站。

本标准主要起草人:胡东元、涂志强、王超、柴小平、刘林林。

联合收割机号牌座设置技术要求

1 范围

本标准规定了联合收割机号牌座的形状、尺寸、设置要求和安装要求。

本标准适用于自走式收获机械。

2 技术要求

2.1 联合收割机应在前面和后面明显位置各设置一个号牌座,位置分别在前面的中部或右部(面对联合收割机前方),后面的中部或左部(面对联合收割机后方)。

2.2 号牌座宜设置在联合收割机机身上。受结构限制,单独设计的号牌座采用不易拆卸式结构,应有足够的强度和刚度,厚度不低于 2 mm。

2.3 号牌座边缘不应超出联合收割机机身的外缘。

2.4 号牌座不应有锐利的边缘。

2.5 单独设置的号牌座不应对联合收割机的运行、日常维护保养有影响。

2.6 设置在驾驶室上的号牌座,可向下倾斜,向下倾斜的最大角度不超过 15°。

2.7 联合收割机在道路行驶状态时,位于联合收割机纵向对称平面内的正前方和正后方 5 m～20 m 处应能观察到号牌的全貌,不应有观察死角。

2.8 号牌座平面的大小及安装螺孔位置尺寸,应符合图 1 的规定,应能使用 M6 的固封螺栓直接可靠的安装。图中 $a \geqslant 2$ mm,$b \geqslant 7$ mm。

单位为毫米

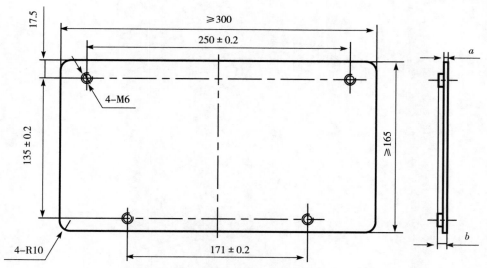

图 1 号牌座平面的大小及安装螺孔位置尺寸

ICS 65.060.20
B 91

中华人民共和国农业行业标准

NY 2189—2012

微耕机　安全技术要求

Safety technical requirements for handheld tillers

2012-12-07 发布

2013-03-01 实施

中华人民共和国农业部 发布

NY 2189—2012

前 言

本标准的全部技术内容为强制性。

本标准按照 GB/T 1.1 给出的规则起草。

本标准由农业部农业机械化管理司提出。

本标准由全国农业机械标准化技术委员会农业机械化分技术委员会(SAC/TC 201/SC 2)归口。

本标准起草单位:重庆市农业机械鉴定站、重庆合盛工业有限公司、重庆市宗申通用动力机械有限公司、重庆鑫源农机股份有限公司。

本标准主要起草人:杨懿、任宏生、杨明江、穆斌、陈恳、熊卓宇、李春东。

微耕机　安全技术要求

1　范围

本标准规定了微耕机产品安全技术要求。

本标准适用于标定功率不大于 7.5 kW、可以直接用驱动轮轴驱动旋转工作部件(如旋耕),主要用于水、旱田耕整,田园管理,设施农业等耕耘作业为主的机动微耕机。

2　规范性引用文件

下列文件对于本文件的应用是必不可少的。凡是注日期的引用文件,仅注日期的版本适用于本文件。凡是不注日期的引用文件,其最新版本(包括所有的修改单)适用于本文件。

GB/T 9480　农林拖拉机和机械、草坪和园艺动力机械　使用说明书编写规则

GB 10396　农林拖拉机和机械、草坪和园艺动力机械　安全标志和危险图形　总则

GB 20891　非道路移动机械用柴油机排气污染物排放限值及测量方法(中国Ⅰ、Ⅱ阶段)

GB 26133　非道路移动机械用小型点燃式发动机排气污染物排放限值与测量方法(中国第一、二阶段)

JB/T 10266.1　微型耕耘机　技术条件

3　安全技术要求

3.1　密封性能

3.1.1　配套发动机各密封面和管接处,不允许出现油、水、气渗漏。

3.1.2　传动箱不得有渗漏现象。

3.2　噪声

3.2.1　动态环境噪声应符合 JB/T 10266.1 的规定。

3.2.2　操作人员操作位置处噪声应符合 JB/T 10266.1 的规定。

3.3　排气污染物

3.3.1　微耕机用柴油机排气污染物排放限值应满足 GB 20891 的规定。

3.3.2　微耕机用汽油机排气污染物排放限值应满足 GB 26133 的规定。

3.4　防护要求

3.4.1　防护装置

3.4.1.1　防护装置必须有足够的强度、刚度,在正常使用时不应产生裂缝、撕裂或永久变形。在极限使用温度条件下其强度应保持不变。

3.4.1.2　防护装置应固定牢固,不使用工具无法拆卸。

3.4.1.3　防护装置应无尖角和锐棱。

3.4.1.4　防护装置不得妨碍微耕机的操作和日常保养。

3.4.2　耕作部件

3.4.2.1　旋耕刀或旋转工作部件的防护应确保微耕机在工作状态下,能防止操作者触及旋耕刀或旋转工作部件的任何部位,并能有效遮挡飞溅的泥水。

3.4.2.2　在微耕机机架处于水平位置时,覆盖旋耕刀或旋转工作部件的防护装置向后的角度与垂直方

NY 2189—2012

向不小于 60°（见图 1）。

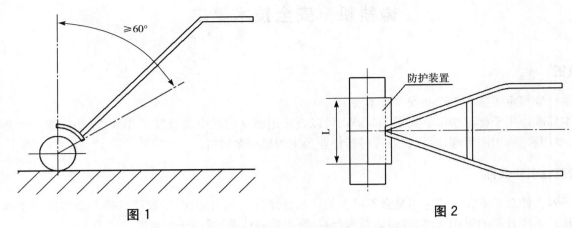

图 1   图 2

3.4.2.3 旋耕刀或旋转工作部件防护装置的最小长度应符合表 1 的规定（见图 2）。

表 1 防护装置的最小长度

单位为毫米

总工作幅宽	防护装置的最小长度 L
＜600	总工作幅宽
≥600	600

3.4.2.4 连接扶手末端直线的中点在水平面内的投影和旋耕刀或旋转工作部件的回转外缘在同一水平面的投影之间的距离不应小于 900 mm，当水平扶手与微耕机的运动方向不平行时，该距离不应小于 500 mm（见图 3）。

3.4.2.5 当离工作部件水平距离 550 mm 处两扶手把间距离不小于 320 mm 时，两扶手把间应设置横杆（见图 3），否则两扶手把间可以不设置横杆（见图 4）。

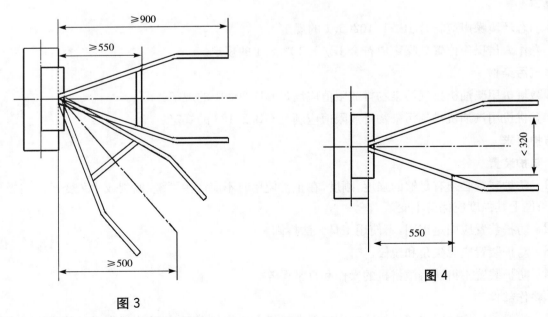

图 3   图 4

3.4.3 动力传动部件（耕作部件除外）

动力传动齿轮、链条、链轮、皮带、摩擦传动装置、皮带轮等以及其他运动部件，可能发生挤压或剪切危险的部件均应有可靠的防护装置或其他防护措施。传动轴应完全防护。

3.4.4 发热部件防护

发动机排气部件面积大于 10 cm² 且在微耕机正常运行时环境温度（20±3）℃下，表面温度超过 80℃，则需要使用防护装置或防护罩。防护装置或防护罩的表面温度应小于等于 80℃。

3.4.5 排气的防护

发动机的排气方向应避开操纵位置处的操作者。

3.5 操纵机构

3.5.1 操纵机构的位置和移动范围应便于操作者操纵。

3.5.2 微耕机在操作者手离开操纵手柄后，旋耕刀或旋转工作部件应立即停止运转。

3.5.3 发动机转速操纵手柄远离操作者（通常向前和/或向上）移动应使发动机转速增加；操纵手柄朝向操作者（通常向后和/或向下）移动应使发动机转速降低。

3.5.4 微耕机在非作业状态应能可靠切断动力传输。

3.5.5 前进挡和倒挡之间应设置空挡。

3.5.6 应设置动力源停机装置，该装置应为不需要操作者持续施力即可停机。处于停机位置时，只有经过人工恢复到正常位置方能再起动。

3.5.7 在操作者正常作业位置上应能容易地接触到停机装置。

3.5.8 离合机构、油门机构、换挡机构等操纵机构都应有相应的操作指示。

3.5.9 扶手架应有足够强度，在正常作业状态下，不应变形。

3.5.10 扶手架应能上下调整。

3.6 起动系统

3.6.1 手起动的柴油机应设置减压装置，该装置在起动期间无需用手扶住。

3.6.2 电起动微耕机应设置有电源开关，避免直接起动。

3.6.3 发动机起动轴不得外露。

3.6.4 手摇起动发动机脱开角不应大于 35°，脱开行程不应大于 100 mm。

3.7 紧固件

3.7.1 微耕机重要部位联接安装螺栓副，螺栓强度等级不应低于 8.8 级，螺母不应低于 8 级，并牢固可靠。

3.7.2 其他功能部件上的螺栓副应紧固，防松措施可靠。

3.8 稳定性

微耕机沿任意方向停放在 8.5°的干硬坡道上应保持稳定。

3.9 电气要求

3.9.1 对于与表面有潜在摩擦接触位置的电缆应进行防护。

3.9.2 电缆应设置在不触及发热部件、不接近运动部件或锋利边缘的位置。

3.9.3 蓄电池应固定牢固，以防在正常作业工况中的颠簸移位和接线柱松开。其上盖应具有足够的刚度，不得在正常作业条件下由于盖的扭曲变形导致短路。

3.9.4 蓄电池的极柱和未绝缘电气件应进行防护，防止水、油或工具等造成短路。

3.10 安全标志

3.10.1 安全标志的构成、颜色、尺寸、图形等应符合 GB 10396 的规定。安全标志参见附录 A。

3.10.2 外露运动部件、动力传动部件、发动机排气管、发动机燃油箱、旋耕刀或旋转工作部件等有危险的部位，应设置有醒目的永久性安全标志。安全标志参见图 A.1～图 A.5。

3.10.3 应在微耕机明显部位固定醒目的与微耕机保持安全距离标志、耳目保护安全标志、防超速安全

NY 2189—2012

标志、阅读使用说明书标志、转向标志。安全标志参见图 A.6～图 A.9。

3.10.4 永久性安全标志在正常清洗时不应褪色、脱色、开裂和起泡。

3.10.5 安全标志不应出现卷边,在溅上汽油或机油后其清晰度不应受影响。

3.10.6 安全标志应能经受高压冷水的冲洗。

3.11 使用说明书

3.11.1 使用说明书的编制应符合 GB/T 9480 的规定。

3.11.2 使用说明书应重现微耕机上的安全标志,并指出安全标志的固定位置。使用无文字安全标志时,使用说明书应用文字解释安全标志的意义。

3.11.3 使用说明书应有详细的安全使用技术要求,应包括、但不限于下列内容:

 a) 初次使用微耕机前,应详细阅读使用说明书,明确安全操作规程和危险部件安全警示标志所提示的内容,了解微耕机的结构,熟悉其性能和操作方法;

 b) 严禁提高发动机额定转速;

 c) 严禁疲劳和饮酒的人、未经培训合格的人、孕妇、病人和未成年人操作微耕机;

 d) 微耕机在室内作业,应保证通风良好;

 e) 操作微耕机时,应扎紧衣服、袖口,长发者还应戴防护帽,并戴护目镜和护耳罩;

 f) 在起动发动机前,应分离所有离合器,并挂空挡;

 g) 微耕机作业前准备工作:

  1) 应按照使用说明书的要求加注燃油、机油或/和水,并检查紧固件是否拧紧;

  2) 微耕机作业前,应确认人员在安全距离外;

  3) 微耕机起动前,应试运转,试运转应无异常声响和振动。

 h) 微耕机作业中,如发生异常声响或振动应立即停机检查,不允许在机具运转时排除故障和障碍;

 i) 在使用倒挡时,应观察后面并小心操纵;

 j) 微耕机下坡行走时,严禁空挡滑行;

 k) 微耕机田间转移时应将耕刀卸下,装上行走轮。

附 录 A

（资料性附录）

安全标志示例

A.1 防护装置安全标志示例见图 A.1。

图 A.1 防护装置安全标志

A.2 防烫伤安全标志示例见图 A.2。

图 A.2 防烫伤安全标志

NY 2189—2012

A.3 防火安全标志示例见图 A.3。

图 A.3 防火安全标志

A.4 旋耕刀防护装置安全标志示例见图 A.4。

图 A.4 旋耕刀防护装置安全标志

A.5 旋耕刀安全标志示例见图 A.5。

图 A.5 旋耕刀安全标志

A.6 安全距离安全标志示例见图 A.6。

图 A.6 安全距离安全标志

NY 2189—2012

A.7 耳目保护安全标志示例见图 A.7。

图 A.7 耳目保护安全标志

A.8 防超速标志示例见图 A.8。

图 A.8 防超速标志

A.9 阅读使用说明书标志示例见图 A.9。

使用微耕机前，要仔细阅读使用说明书，操作时遵循使用说明和安全规则。

图 A.9 阅读使用说明书标志

ICS 65.060.10
T 60

中华人民共和国农业行业标准

NY 2609—2014

拖拉机　　安全操作规程

Codes of safe operation for tractors

2014-10-17 发布
2015-01-01 实施

中华人民共和国农业部 发布

前　言

本标准按照 GB/T 1.1—2009 给出的规则起草。

本标准由农业部农业机械化管理司提出。

本标准由全国农业机械标准化技术委员会农业机械化分技术委员会(SAC/TC 201/SC 2)归口。

本标准起草单位:农业部农机监理总站、山东省农机安全监理站、辽宁省农机安全监理总站、福田雷沃国际重工股份有限公司。

本标准主要起草人:白艳、涂志强、王聪玲、杨云锋、王桂民、周相峰、郭海昆。

拖拉机　安全操作规程

1　范围

本标准规定了拖拉机安全操作的基本条件及其在启动、起步、转移行驶、农田作业、停机检查时的安全操作规程。

本标准适用于拖拉机的安全操作。

2　规范性引用文件

下列文件对于本文件的应用是必不可少的。凡是注日期的引用文件，仅注日期的版本适用于本文件。凡是不注日期的引用文件，其最新版本（包括所有的修改单）适用于本文件。

GB 16151.1　农业机械运行安全技术条件　第1部分：拖拉机

3　安全操作的基本条件

3.1　拖拉机投入使用前，机主应按规定办理注册登记，取得号牌、行驶证，并按规定安装号牌。

3.2　有下列情形之一的拖拉机应禁止使用：

——禁用、报废的或非法拼装、改装的；

——改变拖拉机出厂时的安全状态的；

——无号牌和行驶证的；

——未按规定定期安全技术检验的；

——不符合 GB 16151.1 规定要求的。

3.3　驾驶操作人员应经过培训并取得拖拉机驾驶证，驾驶证在有效期内；驾驶操作机型应与驾驶证签注相符。

3.4　首次操纵拖拉机时，应阅读、理解并熟悉其使用说明书的内容。有下列情况之一的人员禁止驾驶操作拖拉机：

——无驾驶证或证件失效、准驾机型与驾驶机型不相符合的；

——饮酒或服用国家管制的精神药品和麻醉药品以及可能影响安全操作的药品的；

——患有妨碍安全驾驶的疾病或疲劳驾驶的。

3.5　驾驶操作人员在操作时，应随身携带驾驶证和行驶证。

4　启动

4.1　启动前，应按使用说明书的要求检查润滑油、燃油、冷却液和轮胎气压，确认拖拉机各部件安全技术状态良好后方可启动。

4.2　将变速器操作手柄置于空挡位置，动力输出离合器手柄应置于分离位置。

4.3　手摇启动时，站立位置以摇把打不到人为宜，发动机启动后应取出摇把。

4.4　绳索启动时，绳索不得缠在手上，人体应避开启动轮回转面，身后不准站人。

4.5　禁止对电起动机直接搭接通电启动；禁止用溜坡或向进气管中注入燃油等非正常方式启动。

4.6　禁止无水启动和明火烤发动机油底壳。

5　起步

5.1　起步前，应观察各仪表读数、灯光是否正常，各部位有无漏水、漏油、漏气现象和异常声响，确认发

NY 2609—2014

动机怠速和最高空运转速度正常后方可起步。

5.2　观察周围是否有人或障碍物,确认安全后方可起步。

5.3　手扶拖拉机起步时,不得在松放离合器手柄的同时分离一侧转向手柄。

5.4　与农机具挂接起步时,应分离农机具动力。携带可提升机具时,应将机具升至安全高度。

6　转移行驶

6.1　上道路行驶,应遵守道路交通安全法规。

6.2　驾驶室及驾驶座不得超员乘坐,不得放置有碍操作及有安全隐患的物品。

6.3　严禁双手脱离操纵杆(操纵把、方向盘)行驶,不得用脚操纵。

6.4　不得将脚长久搁在离合器踏板上,或用离合器控制行驶速度。

6.5　上、下坡时应直线行驶,不得换挡、急转弯、横坡掉头;下坡时不得空挡或分离离合器滑行;坡道上停机时应锁定制动器,并采取可靠防滑措施。

6.6　行经人行横道、村庄或容易发生危险的路段时,应减速缓行;遇行人正在通过人行横道时,应停机让行。

6.7　夜间行驶以及遇有沙尘、冰雹、雨、雪、雾、结冰等气候条件时,应降低行驶速度,开启前照灯、示廓灯和后位灯,雾天行驶还应开启危险报警闪光灯。

6.8　拖拉机行经渡口,应服从渡口管理人员指挥。上下渡船应低速慢行,在渡船上停稳后锁定制动器,并采取可靠的稳固措施。

6.9　通过铁路道口时,应按照交通信号或者管理人员的指挥通行。没有交通信号或者管理人员的,应观察左右是否有来车,在确认安全后用较低挡位行驶通过。

6.10　行经漫水路或者漫水桥时,应停机察明水情,确认能安全通行后,低挡行驶通过。

6.11　倒车时,应察明拖拉机后方情况,确认安全后方可倒车。不得在铁路道口、交叉路口、单行路、桥梁、急弯、陡坡或者隧道中倒车。

6.12　拖拉机只允许牵引一辆挂车,挂车的灯光信号、制动、安全防护等装置应符合国家标准。

6.13　道路行驶以及牵引挂车从事运输作业时,严禁使用差速锁;左右制动踏板应连锁牢固,防止单边制动。载物应符合核定的载质量,严禁超载,载物的长、宽、高应符合装载要求。装载大件物品和机具时,应设置安全有效的防滑移措施。装载运输棉花、秸秆等易燃品时,严禁烟火,并应有防火措施。严禁挂车载人或人货混载。

6.14　牵引故障拖拉机时,应低速行驶。被牵引的拖拉机不得拖带挂车,其宽度不得大于牵引拖拉机的宽度;使用软连接牵引装置时,牵引拖拉机与被牵引拖拉机之间的距离应大于 4 m 小于 10 m;牵引制动失效的拖拉机时,应采用硬连接牵引装置牵引;牵引与被牵引的拖拉机均应开启危险报警闪光灯。

6.15　拖拉机在道路上发生事故时,妨碍交通又难以移动的,应开启危险报警闪光灯并在来车方向设置警告标志等措施扩大示警距离,夜间还应开启示廓灯和后位灯。发生交通事故的,应立即向当地公安机关交通管理部门报案。

7　农田作业

7.1　拖拉机应与配套的农机具使用,并确保挂接安全。

7.2　拖拉机驾驶操作人员应对参与作业的辅助人员进行相关的安全教育,使其熟悉与作业有关的安全操作注意事项。

7.3　驾驶操作人员和参与作业的辅助人员衣着应避免被缠挂,留长发的应盘绕发辫并戴工作帽。

7.4　作业时,驾驶操作人员应与参与作业的辅助人员设置联系信号。

7.5 挂接农具时,驾驶操作人员应与协助挂接人员密切配合,并在倒车时做随时停车的准备。在拖拉机停稳后方可挂接农具,并插好安全销,调整限位杆链,使之符合该农具作业的要求。

7.6 作业前,应勘察作业场地、清除障碍。必要时,应在障碍、危险处设置明显标志,与作业无关人员应离开作业现场。

7.7 参与作业的辅助人员应按规定人数坐于农具上的工作座位(或站在工作踏板上),严禁超员乘坐(站)。

7.8 作业行进中,不得用手、脚清除农具上的泥土和杂草。清理时,应停车、熄火。

7.9 拖拉机使用同步式动力输出在挂倒挡前,应先分离动力输出轴;需要检查农具或发动机时,应先切断动力输出轴动力。

7.10 在作业中出现翘头时,应立即分离离合器,减轻负荷,检查配重。

7.11 采用倒车方式跨越高埂或上陡坡时,驾驶操作人员应下车查明拖拉机后方情况,确认安全后方可倒车。

7.12 悬挂农具转移时,应将农具升到最高位置,调短上拉杆。同时,用液压系统或悬挂机构的锁定装置将农具固定。悬挂杆件不得作牵引用途。

7.13 悬挂的农具应降置到地面后才允许排除故障或更换零件。若必须在升起状态操作时,应将其锁定在升起位置,并用支撑物稳固支撑。

7.14 从事田间收获、脱粒、运输易燃品等作业的拖拉机应配备灭火器。

7.15 从事喷洒农药作业时,驾驶操作人员及参与作业的辅助人员应穿戴好防护用品,人体裸露部分应避免与药剂接触,并且应逆风作业。作业中,不准喝水、吸烟和饮食,并防止剩余农药污染土地或水源。

7.16 田间作业时发生农机事故的,驾驶操作人员应:
——立即停止作业,保护现场;
——造成人员伤害的,应立即采取措施,抢救受伤人员,因抢救受伤人员变动现场的,应标明位置,并立即向事故发生地农业机械化主管部门报告;
——造成人员死亡的,还应向事故发生地公安机关报告。

8 停机检查

8.1 拖拉机使用中,遇到下列情况之一时,应立即停机进行检查:
——发动机或传动箱出现异常声响或气味;
——发动机润滑油压力降低到不正常范围;
——发动机转速异常升高,油门控制失效;
——其他异常现象。

8.2 发生冷却水沸腾(蒸发式冷却除外)时应停止作业,使发动机在无负荷状态下低速运转到温度降低后再停机。禁止高温时拧开水箱盖,避免被烫伤。

ICS 65.060.50
B 91

中华人民共和国农业行业标准

NY 2610—2014

谷物联合收割机　安全操作规程

Codes of safe operation for grain combine harvesters

2014-10-17 发布

2015-01-01 实施

中华人民共和国农业部 发布

前　言

本标准按照 GB/T 1.1—2009 给出的规则起草。

本标准由农业部农业机械化管理司提出。

本标准由全国农业机械标准化技术委员会农业机械化分技术委员会(SAC/TC 201/SC 2)归口。

本标准起草单位:农业部农机监理总站、江苏省农业机械安全监理所、南京农业大学工学院。

本标准主要起草人:白艳、涂志强、王聪玲、陆立国、程颖、张国凯、刘宽宝、李峻峰、郭荣。

谷物联合收割机 安全操作规程

1 范围

本标准规定了谷物联合收割机安全操作的基本条件及在启动、起步、转移行驶、收获作业、停机检查时的安全操作规程。

本标准适用于自走式谷物联合收割机(以下简称联合收割机)的安全操作。悬挂式谷物联合收割机也可参照执行。

2 规范性引用文件

下列文件对于本文件的应用是必不可少的。凡是注日期的引用文件,仅注日期的版本适用于本文件。凡是不注日期的引用文件,其最新版本(包括所有的修改单)适用于本文件。

GB 16151.12 农业机械运行安全技术条件 第12部分:谷物联合收割机

3 安全操作的基本条件

3.1 联合收割机投入使用前,机主应按规定办理注册登记,取得号牌、行驶证,并按规定安装号牌。

3.2 有下列情形之一的联合收割机应禁止使用:

——禁用、报废的或非法拼装、改装的;

——无号牌和行驶证的;

——未按规定定期安全技术检验或者检验不合格的;

——不符合 GB 16151.12 规定要求的。

3.3 驾驶操作人员应经过培训并取得联合收割机驾驶证,驾驶证应在有效期内;驾驶操作机型应与驾驶证签注相符。

3.4 有下列情况之一的人员禁止驾驶联合收割机:

——无驾驶证或证件失效、准驾机型与驾驶机型不符的;

——饮酒或服用国家管制的精神药品和麻醉药品的;

——患有妨碍安全驾驶的疾病或疲劳驾驶的。

3.5 驾驶操作人员操作时,应随身携带驾驶证和行驶证。

4 启动

4.1 启动前,应按使用说明书的要求检查润滑油、燃油、冷却液和轮胎气压及影响正常使用的机件和杂物,确认各部件安全技术状态良好后方可启动。

4.2 将变速器操作手柄置于空挡位置、各离合器手柄置于分离位置。

4.3 电起动机应禁止直接搭接通电启动,禁止用溜坡或向进气管中注入燃油等非正常方式启动。

5 起步

5.1 起步前,应检查各仪表读数是否正常;操纵件操作灵活可靠,旋转部件转动无卡滞,自动回位的手柄、踏板回位正常;发动机怠速及最高空转转速运转平稳;发动机各部位应无漏水、漏油、漏气现象和异常声响。

5.2 观察周围是否有人或障碍物,确认安全后方可起步。

NY 2610—2014

6 转移行驶

6.1 联合收割机上道路行驶时,应遵守道路交通安全法规。左、右制动板应锁住,将收割台提升到最高位置并锁定。

6.2 驾驶室及驾驶座不得超员乘坐,不得放置有碍操作及有安全隐患的物品。

6.3 行经人行横道、村庄或容易发生危险的路段时,应当减速缓行;遇行人正在通过人行横道时,应停机让行。

6.4 夜间行驶以及遇有沙尘、冰雹、雨、雪、雾、结冰等气候条件时,应降低行驶速度,开启前照灯、示廓灯和后位灯,雾天行驶还应开启危险报警闪光灯。

6.5 上、下坡时,应直线行驶,不得急转弯、横坡掉头;下坡时,不得空挡或分离离合器滑行;坡道上停机时,应锁定制动器,并采取可靠防滑措施。

6.6 行经渡口,应服从渡口管理人员指挥。上下渡船应低速慢行,在渡船上停稳后应锁定刹车,并采取可靠的稳固措施。

6.7 通过铁路道口时,应按照交通信号或者管理人员的指挥通行。没有交通信号或者管理人员的,应观察左右是否有火车,在确认安全后用较低挡位行驶通过。

6.8 行经漫水路或者漫水桥时,应先察明水情,确认能安全通行后,用较低挡位行驶通过。

6.9 行经堤坝、便桥、涵洞时,应先确认其载重能力、路面宽度及空间宽度和高度是否能通过。进入田块、跨越沟渠、田埂以及通过松软地带,应使用具有适当宽度、长度和承载强度的跳板。

6.10 倒车时,应察明联合收割机后方情况,确认安全后方可倒车,同时开启倒车报警装置。不得在铁路道口、交叉路口、单行路、桥梁、急弯、陡坡或者隧道中倒车。

6.11 联合收割机不得牵引其他机械;粮箱禁止载人或载物;出现故障需要牵引时,应采用刚性牵引杆。

6.12 联合收割机在道路上发生事故妨碍交通又难以移动时,应开启危险报警闪光灯并在来车方向设置警告标志等措施扩大示警距离,夜间还应同时开启示廓灯和后位灯。当发生道路交通事故时,应立即向事故发生地公安机关交通管理部门报案。

7 收获作业

7.1 联合收割机驾驶操作人员应对参与作业的辅助人员进行相关的安全教育,使其熟悉与作业有关的安全操作注意事项。

7.2 驾驶操作人员和参与作业的辅助人员着装应避免被缠挂,留长发的应盘绕发辫并戴工作帽。

7.3 作业时,驾驶操作人员应与参与作业的辅助人员设置联系信号,并禁止非作业人员在作业区域内滞留。

7.4 作业区域内严禁吸烟和明火。

7.5 驾驶操作人员作业前,应勘察作业场地、清除障碍,并在障碍、危险处设置明显标志。

7.6 多台联合收割机在同一地块作业时,应保持安全距离。

7.7 联合收割机在地头转弯或地边作业时,应避免收割台触及田埂、水渠、树木或其他障碍物。转移时,应切断工作部件动力。

7.8 作业过程中,如发生收割台、脱粒、分离、秸秆切碎装置等缠草,或切割器、滚筒等作业部件发生堵塞,应在停机熄火后清理。禁止将手伸入出粮口或排草口排除堵塞。

7.9 卸粮时,不得用手、脚或铁器等工具伸入粮仓推送或清理粮食。接粮时,踏板承载不得超过产品使用说明书规定的承载能力。接粮人员不得在收割进行中上、下接粮台。用运粮车与联合收割机并行行走接粮时,应注意保持间距,双方应有设定的信号,联系始卸、停卸或必要时的停车。大型谷物联合收割机卸粮时,应避开高压线路。

7.10 联合收割机在作业时发生事故的,驾驶操作人员应当:

——立即停止作业,保护现场;

——造成人员伤害的,应立即采取措施,抢救受伤人员,因抢救受伤人员变动现场的,应标明位置,并立即向事故发生地农业机械化主管部门报告;

——造成人员死亡的,还应向事故发生地公安机关报告。

8 停机检查

8.1 联合收割机作业中,遇到下列情况之一时应立即停机进行检查:

——发动机或传动箱突然出现异常声响或气味;

——发动机润滑油压力降低到不正常范围;

——发动机转速异常升高,油门控制失效;

——其他异常现象。

8.2 发生冷却水沸腾时应停止作业,使发动机在无负荷状态下低速运转到温度降低后再停机。禁止高温时拧开水箱盖,避免被烫伤。

————————

ICS 65.060.20
B 91

中华人民共和国农业行业标准

NY/T 999—2006

耕整机运行安全技术条件

Safety specifications for agricultural tiller

2006-01-26 发布　　　　　　　　　　　　　2006-04-01 实施

中华人民共和国农业部 发布

NY/T 999—2006

前　言

本标准由中华人民共和国农业部提出。

本标准由全国农业机械标准化技术委员会农业机械化分技术委员会归口。

本标准负责起草单位：广西壮族自治区农机安全监理总站。

本标准参加起草单位：湖南省农机鉴定站、广西大学、广西南宁手扶拖拉机厂。

本标准主要起草人：黄鑫、罗世雄、黄卡林、冯光伟、吴文科、杨坚、卢秋凌。

耕整机运行安全技术条件

1 范围

本标准规定了耕整机运行安全的技术要求及噪声测试方法。

本标准适用于农机监理安全技术检验。

2 规范性引用文件

下列文件中的条款通过本标准的引用而成为本标准的条款。凡是注日期的引用文件,其随后所有的修改单(不包括勘误的内容)或修订版均不适用于本标准,然而,鼓励根据本标准达成协议的各方研究是否可使用这些文件的最新版本。凡是不注日期的引用文件,其最新版本适用于本标准。

GB 10395.1—2001 农林拖拉机和机械 安全技术要求 第1部分:总则

GB 10396—1999 农林拖拉机和机械、草坪和园艺动力机械 安全标志和危险图形 总则

JB/T 9803.2—1999 耕整机 试验方法

3 术语和定义

下列术语和定义适用于本标准。

3.1

耕整机 agricultural tiller

3.2 功率不大于6.0 kW,仅用于水、旱田(土)犁耕和整地作业的单轮或双轮驱动的机械。

4 安全技术要求

4.1 各部位不得有妨碍操作、影响安全的改装,不得改变原设计传动比以提高行驶速度。

4.2 各操纵杆件的操作应轻便灵活。各机构行程调整应符合使用说明书的规定。

4.3 平衡装置应易于调节,并能有效保持其位置。

4.4 在环境温度不低于5℃时,2 min内启动操作不超过3次,应能顺利启动。

4.5 离合手柄应能使离合器分离彻底,接合平稳,工作时不得有异响和打滑现象。

4.6 变速箱换挡应灵活,自锁、互锁装置可靠,不得有自动脱挡、乱挡现象。

4.7 轮胎上不得有长度超过25 mm或深度足以暴露出轮胎帘布层的破裂和割伤。

4.8 扶手架或转向架、轮毂、轮辋等不得有裂纹、变形,螺栓齐全,紧固可靠。

4.9 双轮驱动耕整机转向把手应能使转向离合器分离彻底,接合平稳。转向时不得有阻滞或自行转向现象。

4.10 外露旋转工作部件应有可靠的防护装置,并符合GB 10395.1—2001的规定。

4.11 防护装置应固定牢固,无尖角和锐棱。

4.12 发动机启动爪应有护缘,轴端不得突出护缘以外。

4.13 单轮驱动有乘座的耕整机,其座位前应设置挡脚板,并能有效地防止驱动轮叶片与操作者的脚接触。

4.14 操纵踏板、踏脚板应采取防滑措施。

4.15 危险部位和必须提示机手正确操作的部位(如双轮驱动耕整机下坡转向操作)应固定永久性安全

NY/T 999—2006

警告标志。标志牌上应提示安全警告的具体内容,安全标志应符合 GB 10396—1999 的规定。

4.16 用于其他作业的牵引装置应牢固可靠,牵引销应有保险锁销。

4.17 动态环境噪声应不大于 86 dB(A),驾驶操作位置处噪声应不大于 93 dB(A)。

5 测试方法

5.1 所示噪声限值按 JB/T 9803.2—1999 的规定进行测定。其他项目采用目测或其他常规方法进行检验。

———————————

ICS 65.060.30
B 91

中华人民共和国农业行业标准

NY/T 1000—2006

机动插秧机运行安全技术条件

Technical condition for safe in operation
of powered seeding transplanted

2006-01-26 发布　　　　　　　　　　　　2006-04-01 实施

中华人民共和国农业部 发布

前　言

本标准由中华人民共和国农业部提出。

本标准由全国农业机械化技术委员会农业机械化分技术委员会归口。

本标准起草单位：吉林省农机安全监理站、吉林省农机鉴定站、吉林省延吉插秧机制造公司、吉林省农机推广站。

本标准起草人：刘树纪、黄九江、潘连启、刘福龙、侯占廷、庄乃生、李晓林。

机动插秧机运行安全技术条件

1 范围

本标准规定了机动插秧机有关作业的安全技术要求。

本标准适用于机动插秧机的作业安全技术检验。

2 规范性引用文件

下列文件中的条款通过本标准的引用而成为本标准的条款。凡是注日期的引用文件,其随后所有的修改单(不包括勘误的内容)或修订版均不适用于本标准,然而,鼓励根据本标准达成协议的各方研究是否可使用这些文件的最新版本。凡是不注日期的引用文件,其最新版本适用于本标准。

GB 3846—1993 柴油车自由加速烟度的测量滤纸烟度法

GB 10396—1999 农林拖拉机和机械 安全标志

GB 14767.6—1993 柴油车自由加速烟度排放标准

3 整机

3.1 在机具明显部位应安装永久性标牌,内容应包括:a、型号,b、标定功率,c、总质量,d、出厂编号,e、出厂时间及生产厂名称。

3.2 防护装置部位,应有醒目、永久的安全标志和危险图形标志。安全标志的构成、颜色、尺寸等应符合 GB 10396 的规定。

3.3 附录 A、附录 B、附录 C(均为提示的附录)以三种形式举例了防护装置处安全标志示例。

3.4 各运动件应运转灵活,无碰撞、卡滞现象。

3.5 各加油处应按标准检查油量,缺少时按油品加至标准量。各注油部位充分注油润滑。空运转 10 min,停机 5 min 后观察,静结合面不渗油,动结合面不滴油。

3.6 安全离合器静态分离扭矩应为 40 N·m±5 N·m。各组栽植臂运转状态应一致,曲柄在链轮轴上不应窜动。

3.7 分离针与秧门间隙大于 1.25 mm,两侧均匀;秧箱移至两端时,分离针与秧箱侧臂间隙不小于 1 mm。

3.8 纵向送秧量不小于 10 mm。

3.9 定位离合器应分离彻底,结合可靠。分离时,分离针尖应停留在距尾托板上平面 70 mm 以上处。

3.10 各操纵手柄灵活可靠,调节机构灵活准确。

3.11 各紧固件必须紧固,保证牢固可靠。

3.12 非运动件不应有明显偏转、变形。

3.13 塑料件外形应完整、表面光滑整洁。

3.14 推秧器行程及推秧器与分离针间隙达到规定要求。

4 发动机

4.1 发动机应动力性能良好,运转平稳,怠速稳定,无异响,机油压力正常。发动机功率不得低于原标定功率的 75%。

NY/T 1000—2006

4.2 发动机应有良好制动性能。

4.3 发动机停机装置必须灵活有效。

4.4 发动机燃料供给、润滑、冷却和排放系统应齐全,性能良好。

4.5 发动机排气方向应侧向驾驶员。

4.6 发动机自由加速烟度排放应符合GB 14767.6—1993 的要求,检验方法按 GB/T 3846—1993 执行。

5 传动箱

5.1 各转动部件运转应灵活,操纵自如,不得有卡滞和碰撞现象。

5.2 各滑动齿轮和离合牙嵌应移动灵活,拨叉挡位准确、可靠,齿轮啮合轴向偏差不大于2 mm,不得有脱挡、乱挡现象。

5.3 作业期间每天检查一次油面高度,机油加到油标中间,每季作业前需换新机油。

5.4 链箱中链条挂油。

6 栽植臂

6.1 曲柄转动和推秧器移动应自如,密封可靠。

6.2 推秧凸轮与拨叉的轴向偏差应不大于1 mm。

6.3 栽植臂左右应不窜动,分离针运转不得碰撞秧门,两侧间隙在1.25 mm～1.75 mm 之间。

6.4 栽植臂拨叉处不缺油。

7 其他安全技术要求

7.1 驾驶员在初次使用机器前,应详细阅读使用说明书,并负有向其他操作人员讲解使用说明书的安全操作规程和安全注意事项的责任。

7.2 使用机器前,驾驶员负有检查机器上防护装置和安全标志、标识有无缺损的责任,当出现缺损时,应及时补全。

7.3 不得对机器进行妨碍操作、影响安全的改装。

7.4 启动前驾驶员必须认真检查各运动部位运转是否灵活,各操纵手柄是否灵活可靠。

7.5 检查各紧固件是否牢固可靠,不许有松动和脱扣现象。零部件无错装、裂纹。

7.6 检查主离合手柄在"分离"位置时是否能切断发动机动力,如不能,应调整修理。

7.7 机器运转时不得触摸旋转部位和插秧工作部件。工作时,装秧人员的手脚不准伸进分插部位。

7.8 装秧、清理分离针、秧门等其他部位时,应停机后才能进行。

附　录　A
防护装置安全标志示例

 警告

1.皮带传动装置缠绕
　手或手臂
2.机械工作时,不得
　打开

NY/T 1000—2006

附 录 B

防护装置安全标志示例

机械工作时，不得
打开或拆下安全防
护罩

附 录 C
机械工作时,不得打开或拆下安全防护罩

ICS 65.060.99
B 91

中华人民共和国农业行业标准

NY/T 1771—2009

机采棉轧花机械操作技术规程

Technical regulations for operation of machine picks
the cotton ginning machinery

2009-04-23 发布
2009-05-20 实施

中华人民共和国农业部 发布

NY/T 1771—2009

前　言

本标准由中华人民共和国农业部提出。

本标准由全国农业机械标准化技术委员会农业机械化分技术委员会归口。

本标准起草单位：农业部棉花机械质量监督检验测试中心、新疆维吾尔自治区生产建设兵团农机局。

本标准主要起草人：裴新民、李生军、夏强、张山鹰、魏娟、吴新声、王冰、高燕、丁志欣、茹克娅。

机采棉轧花机械操作技术规程

1 范围

本标准规定了机采棉轧花机械术语和定义、技术要求、工艺过程要求和操作规程。

本标准适用于机采棉轧花机械，其他型式的轧花机械可参照执行。

2 规范性引用文件

下列文件中的条款通过本标准的引用而成为本标准的条款。凡是注日期的引用文件，其随后所有的修改单（不包括勘误的内容）或修订版均不适用于本标准，然而，鼓励根据本标准达成协议的各方研究是否可使用这些文件的最新版本。凡是不注日期的引用文件，其最新版本适用于本标准。

GB 1103 棉花 细绒棉

GB/T 18353 棉花加工企业基本技术条件

GB 18399 棉花加工机械安全要求

GH/T 1019 棉花加工术语

棉花加工厂消防安全管理暂行规定（商务部、公安部［85］商棉联字第 33 号）

3 术语和定义

GB 1103 和 GH/T 1019 中确立的以及下列术语和定义适用于本标准。

轧花机械 ginning machinery

将籽棉加工成为皮棉和棉籽的机械。包括烘干机、籽棉清理机、轧花机、皮棉清理机等。

4 技术要求

4.1 一般要求

4.1.1 轧花工艺应符合 GB/T 18353 的规定。

4.1.2 轧花工艺应能按照籽棉品种、品级和回潮率进行调整。

4.1.3 工艺和设备应易于安装调试、维修保养，方便操作调整、排除故障。

4.1.4 加工出的皮棉等级应不低于原籽棉等级，皮棉质量符合 GB 1103 的规定。

4.1.5 应配置完善的不孕籽回收设备。

4.1.6 应采用气力或机械方式输送物料；具有回收含尘空气中有效纤维装置。

4.2 安全要求

4.2.1 轧花机械应符合 GB 18399 的规定。

4.2.2 生产设施应符合 GB/T 18353 的规定。

4.2.3 消防设施应符合《棉花加工厂消防安全管理暂行规定》。

4.2.4 有完备的安全防护系统和应急功能。

4.2.5 机器运转时禁止戴手套操作，禁止进行调整、保养、维护。

4.3 操作基本要求

4.3.1 在开机前，应对所有的设备进行检查，在没有异常情况下，方可逐台按程序开动。开机顺序应从流水线的最后一台设备向前进行，关机程序应从前向后进行。

NY/T 1771—2009

4.3.2 开机运转 5 min～10 min,确定无异常情况后,方可喂花开轧。

4.3.3 在生产中每两个小时应停车一次,清理积杂物、堵塞物、缠绕物等。

4.3.4 容易混入危害性杂物的重点工位,应随时保持干净、整洁、物料摆放有序。

4.3.5 每个岗位应有明确的职责,人员应经过培训。

5 工艺过程要求

5.1 籽棉收购要求

5.1.1 对收购的籽棉应逐一编号。

5.1.2 籽棉交售时,禁止使用非棉布口袋;禁止用有色的和非棉线绳扎口。

5.1.3 籽棉收购时,发现混有金属、砖石、异性纤维及其他危害性杂物的,必须挑拣干净。

5.1.4 籽棉的含杂率应不大于 14%。

5.1.5 不同品种的籽棉应分别堆放贮存,含水、含杂差异大的籽棉应分别贮存。

5.2 籽棉预处理要求

5.2.1 控制籽棉的水分,在 8%～12%,使之适合加工要求。

5.2.2 在不损伤纤维和棉籽的情况下,充分膨松籽棉;松棉过程中,应减少棉瓣和杂质的破碎。

5.2.3 籽棉清理系统的清杂率应不低于 60%,清僵率不低于 70%。

5.3 籽棉烘干要求

5.3.1 供热能力应与轧花能力相适应,供热量应能根据需要进行调整。

5.3.2 籽棉烘干系统的热源不得污染籽棉。

5.3.3 烘干设备应干燥均匀,避免堵塞。

5.3.4 籽棉经过烘干处理后,品质(色泽、强度、长度)应保持不变。

5.4 锯齿轧花要求

5.4.1 轧花质量、等级、含杂率、轧后棉籽的毛头率应符合 GB 1103 的规定。

5.4.2 加工过程中不得混入异性纤维和其他危害性杂质。

5.4.3 加工过程中应减少落棉损失、进行下脚料的回收。

5.5 皮棉清理要求

5.5.1 应具有棉胎厚度自动检测、反馈装置。

5.5.2 清杂率应不小于 30%,棉纤维损耗率应不大于 1.6%。

5.5.3 皮棉清理机排出的杂质中含棉率应不大于 55%。

6 机采棉轧花机械操作规程

6.1 付轧

根据籽棉的品种、品级、含水率、含杂率、纤维长度、马克隆值、棉垛质量等相关数据,初步调整设备各参数,试生产 2 包～3 包皮棉,再根据生产出的皮棉样品的质量状况以及排籽、排杂、排出有效纤维等情况,正确确定设备参数。

6.2 烘干设备操作规程

6.2.1 烘干设备由专人管理和使用,操作人员须经过培训持证上岗。

6.2.2 工作前应清理烘干塔各部位积棉,按设定温度逐步加温。

6.2.3 开机前应确保籽棉烘干系统各部分正常,调整好混合点处温度,装好换热器的空气过滤装置,定期清理翅片换热器。

6.2.4 开机后热风机不得随意关闭。后道工序暂时不需要棉花时,可通过开启通大气阀或关闭电动截风阀门控制。

6.2.5 定期清理换热器。及时清扫烘干设备周围杂物及棉絮。

6.2.6 籽棉烘干系统的启动顺序是:空气加热系统→热风输送系统→烘干机→外吸棉系统。

6.2.7 燃料必须有安全防护装置,远离烘干设备。

6.2.8 在烘干设备附近配齐、配足防火设施。

6.2.9 当干燥系统里无棉花时,必须将火焰温度降到最低。

6.2.10 定期检查烘干塔安全保护装置,安全保护装置失灵时,禁止使用烘干塔。

6.3 籽棉清理机操作规程

6.3.1 按使用说明书规定调整以下各部间隙:清僵格条栅与大齿条滚筒;清僵格条栅与小齿条滚筒;刺钉与排杂网面;钢丝刷与齿条滚筒;毛刷弧板与毛刷;毛刷弧板与小齿条滚筒;毛刷弧板与大、小齿条滚筒。

6.3.2 应及时清理外吸籽棉管道口处的异性纤维和危害性杂物。

6.4 锯齿轧花机操作规程

6.4.1 锯齿轧花机的调整

6.4.1.1 喂花部分的调整

调整刺钉辊筒与排杂网面间隙;上"U"形齿条滚筒(大齿条辊)与刷棉滚筒、起棉刀间隙;下"U"形齿条滚筒(小齿条辊)与刷棉滚筒、起棉刀间隙;钢丝刷与齿条辊齿尖间距;除杂棒、格条栅与"U"形齿条滚筒间隙。

6.4.1.2 轧花部分的调整

调整导流板;毛刷滚筒与锯片滚筒间隙;后挡风板与毛刷滚筒间隙;排杂调节板;下补风口;上排杂刀;压力角;棉籽桶;阻壳肋条排;轧花肋条排。

6.4.2 开机前的准备

6.4.2.1 检查紧固件、轴承、偏心锁紧套、传动带、刺钉和齿条的状况。

6.4.2.2 检查各转动部位的灵活性。开关、按钮的灵敏性。

6.4.2.3 在轧花机中箱内先存入一定数量的棉籽和籽棉。

6.4.3 操作注意事项

6.4.3.1 及时清除磁性淌棉板上的杂质。

6.4.3.2 观察工作厢内棉卷的松紧情况,及时调整喂花量。

6.4.3.3 拨棉刺辊被纤维或僵杂物阻塞时,必须将棉卷厢拉离锯片进行清理。

6.4.3.4 应经常检查工作厢内籽棉卷的运转情况。清除杂物。

6.4.3.5 工作箱自动开箱时应查清原因,处理后方可合箱轧花。

6.4.3.6 停机前应把储棉箱的籽棉加工完,按启动顺序的相反顺序进行停机。

6.4.4 试轧

6.4.4.1 起动清花电机,观察有无异响。

6.4.4.2 点动锯齿轧花机主轴电机,观察无异响后方可正式起动,开合工作箱,观察工作箱能否到位。

6.4.4.3 接通电源,旋动喂料量调节旋钮。

6.4.4.4 检测付轧籽棉的含水率及等级,并根据检测数据对轧花工艺进行调整。

6.4.5 负载工作

6.4.5.1 按轧花顺序启动各种设备。停机操作则按启动顺序的相反顺序操作。

NY/T 1771—2009

6.4.5.2 检查正常后,按动合箱按钮。

6.4.5.3 轧花时发现异常情况,应立即停机,排除故障。

6.4.5.4 应根据籽棉的品级、含水率等情况,确定采用合适的轧花工艺。

6.4.5.5 观察作业情况,调节喂花量及各部位的间距和位置。

6.4.5.6 及时清除堵塞物。

6.4.5.7 在轧花过程中,发现棉卷停转时应打开工作箱,待工作箱内肋条排完全脱开锯片后用手松动棉卷。不允许通过开合箱助动棉卷。

6.4.5.8 操作人员在工作时要做到勤检查、勤巡回,手勤、眼快、耳听、鼻嗅,听到异声、嗅到异味时立即停车检查,查清原因进行修理,处理完故障后再开机。

6.5 皮棉清理机操作规程

6.5.1 调整

6.5.1.1 检查各转动部件、紧固件的状况,必要时进行紧固。

6.5.1.2 检查罗拉、排杂刀、尘笼网及皮棉通过的部位,去除毛刺、锈蚀和漆层并打磨光滑。

6.5.1.3 按照说明书的规定调整以下部位间隙:调整压棉罗拉、剥棉罗拉、集棉尘笼;给棉罗拉与齿条辊滚筒、给棉板;牵伸罗拉与给棉罗拉、给棉板;排杂刀与齿条滚筒;毛刷滚筒与齿条滚筒。

6.5.1.4 按照说明书的规定调整各部位:毛刷补风口、前后挡风板、托棉板、齿条滚筒护罩、行程开关。

6.5.1.5 启动皮棉清理机空运转5 min,检查以下项目:各转动部件运转是否正常,有无异常声响;轴承的温升是否正常;行程开关是否正常。

6.5.2 皮棉清理机的启动顺序:吸杂电机→清理电机→集棉电机→皮棉清理引风机→轧花电机。当皮棉清理机完全启动且一切都正常时,方可合箱轧花。

6.5.3 皮棉清理机的关闭顺序:与开启顺序相反。

6.5.4 操作注意事项

6.5.4.1 给棉板处发生堵塞,集棉电机停止喂料时,须将所有电机关闭,将皮棉道清理干净后方可重新开机。

6.5.4.2 工作时若有异常声音、气味,应立即停车检查,处理后方可开机。

ICS 65.060.01
B 90

中华人民共和国农业行业标准

NY/T 2086—2011

残地膜回收机操作技术规程

Technical regulation for operation of residual plastic film recycling machine

2011-09-01 发布

2011-12-01 实施

中华人民共和国农业部 发布

NY/T 2086—2011

前　言

本标准按照 GB/T 1.1—2009 给出的规则起草。

本标准由农业部农业机械化管理司提出。

本标准由全国农业机械标准化技术委员会农业机械化分技术委员会(SAC/TC201/SC2)归口。

本标准起草单位:农业部棉花机械质量监督检验测试中心、新疆农业科学院农机化研究所、新疆天诚农机具制造有限公司、新疆科农机械制造有限责任公司、新疆奎屯吾吾农机制造厂。

本标准主要起草人:王勇、马惠玲、赛丽玛、陈发、于永良、张和平、包建刚。

残地膜回收机操作技术规程

1 范围

本标准规定了残地膜回收机操作时的安全注意事项、作业前的准备、作业操作规程、作业路线及作业方式、操作人员要求及保养与存放。

本标准适用于残地膜回收机的操作。

2 安全注意事项

2.1 必须保证机组的安全标志和示廓反射器（如有）清楚易见，不得遮掩。

2.2 机具运行中，机具上严禁站人或坐人。

2.3 机具作业中，发现有异常声响或堵塞时，应立即停机检查，排除故障。

2.4 在机具下方调整和保养时，必须将机具支撑稳定，以免发生危险。

2.5 机具维护、保养后，必须保证机具的安全防护装置完好，且安装牢固。

2.6 机具起落前，机手应先警示，待机具附近无人时方可操作。

2.7 机组在道路行驶时，先将机具升起，必须锁紧机具液压油缸的锁紧装置和拖拉机液压锁定装置，防止机具下落伤人或损坏机具。对于折叠式机具，应在折叠状态下行驶。

2.8 机具停放应稳固、可靠。

2.9 不得进行可能引起机具安全性能下降的改动。

3 作业前准备

3.1 配套动力机械选择

按照残地膜回收机使用说明书的要求，选择适当的配套动力机械。

3.2 机组连接

3.2.1 机牵引式机具，将机具的牵引装置与拖拉机牵引头正确连接，锁定插销。具有液压装置的机具，应将液压油管连接牢固。

3.2.2 悬挂式机具，将机具与拖拉机正确连接，锁定插销。调整拖拉机悬挂装置的中央拉杆及左右拉杆，使机具保持水平。

3.2.3 有动力输入的机具，应将万向节传动轴正确连接，并安装安全防护套。

3.3 检查

3.3.1 按照使用说明书要求对机组进行全面检查、调整和保养。

3.3.2 清理机具各部件上的杂物，确保工作部件是否完好。

3.3.3 将机组停放在平地上，起动液压装置，使机具升降 2 次～3 次，观察机具是否升降灵活，确保液压装置无渗漏油。如有故障，及时排除。

4 作业操作规程

4.1 机具安装、调试完毕后，应再检查一遍紧固螺栓、螺母有无松动现象，与配套拖拉机联接及液压油管联接是否安全可靠。一切正常后，方可进行试作业。

4.2 在进行试作业距离不小于 30 m 后，检查机具的作业质量应满足农艺要求，方可投入正常作业，否

NY/T 2086—2011

则须对机具重新进行调整。

4.3 每班作业前应检查机组技术状态是否良好,随时清除机组上的黏土和杂物。班后须检查机组状态是否完好,如有损坏应及时维修或更换。

4.4 作业中转弯、调头及在路面行走时,须将残地膜回收机提离地面一定高度,防止工作部件与地面碰撞。工作时缓慢放下,不得撞击,以免损坏机件。

5 作业路线及作业方式

5.1 作物收获后,在留有作物秸秆的作业地作业(主要适用于秸秆还田及残地膜回收联合作业机)时,应按机具的作业幅宽及作物种植模式调整机组的轮距,使机组作业时轮子行走在交接行中;根据说明书的要求调整收膜装置的入土深度,机组顺着铺膜方向,采用梭形方式进行作业。

5.2 经过秸秆还田,残茬高度不大于12 cm的未耕地作业(主要适用于弹齿式残地膜回收机)不少于两遍作业。第一遍是机组垂直铺膜方向进行作业,第二遍是机组顺着铺膜方向进行作业。采用梭形作业方式,每作业一行程,将残地膜及杂物卸在作业地边沿,并清理机具的缠膜及杂物。

5.3 经过耕、整后的作业地采用梭式作业方式,纵、横方向各一遍作业。

5.4 作业速度应符合说明书的要求。

6 操作人员要求

6.1 操作人员应有拖拉机驾驶证,并经过农机具基础知识培训,熟知机具的基本工作原理。

6.2 操作人员应了解当地作业环境。

7 保养与存放

7.1 机具应按照使用说明书要求进行维护保养。

7.2 对机具进行维护保养时,至少有以下内容:

    a) 日常班前、班后保养。每班工作完毕,应清理机具上的黏土和杂物。检查易损件损坏、磨损情况,及时修理或更换。

    b) 整机应贮存在通风、干燥的场所。残地膜回收机长期停止使用时,应进行一次保养、维修,清除附着废物,采取防晒、防雨雪、防锈措施;也可拆成若干部分存放,各滑动配合部位涂防锈油。

7.3 入库存放,应停放在平坦、干燥的地方,使之处于自由状态。

第三部分
地 方 标 准

脱粒机操作规程及作业质量验收

标准编号	DB 62/T 301—2010	被代替标准编号	DB 62/T 301—1992
发布日期	2010—01—29	实施日期	2010—03—01
归口单位	甘肃省农业机械化标准化技术委员会		
起草单位	甘肃省农业机械化技术推广总站	主要起草人	康清华、李淑玲、闫典明、袁明化
范围	本标准规定了脱粒机场地要求、安装要求、检查与调整、安全操作规程及作业质量验收。 本标准适用于稻谷、玉米脱粒机的操作与作业质量验收;其他作物的脱粒机可参照执行。		
主要技术内容	**安全操作规程** (1)操作人员必须先经培训,熟悉机器的结构、性能,掌握安全操作规程后方可操作。 (2)检查、调整和操作机具时,操作人员应扎紧袖口,戴口罩、长发盘起束紧并戴帽,严禁酒后或疲劳时作业。 (3)起动前应先检查清除机器内部的石块、木棍、工具等杂物,确认机器旁边没有人时方可发出启动信号启动。 (4)启动后必须进行试运转,试运转时机器内部应无碰擦、异常响动和振动,滚筒旋向应正确,转速应符合使用说明书中的规定。 (5)作业前先空转1 min～2 min,待机器运转平稳后方可喂入作物进行脱粒。 (6)作业时,操作人员的手及钢叉不准超过安全线进入喂料装置或者其他危险传动部件内。排草口、排风口的后方严禁站人。 (7)喂入作物要连续、均匀,不准超量喂入,成捆的作物应解散喂入并注意消除混入作物中的石头等硬物。 (8)应及时运走逐稿器排出的茎秆和出粮口籽粒及杂余颖壳等。 (9)作业期间,严禁操作人员离开机器。 (10)严禁对机器进行各种影响人员、机器安全的改动或改装。 (11)各种检查、调整、保养、清理及排除故障工作,必须在发动机熄火或动力切断后进行。 (12)场上使用的各种工具用完后应清点并放入工具箱内,防止丢失在机器内部。 (13)脱粒场地严禁烟火。 (14)脱粒作业时,应根据作物条件的变化,适时调整机器的各调节机构,保证机器发挥最佳作业性能。 (15)一般连续作业5 h～6h后要停机检查、保养。检查紧固件螺栓是否紧固、各调整部位及传动带等是否正常,各传动部位应适当加注润滑油。		

铡草机操作规程及作业质量验收标准

标准编号	DB 62/T 309—2008	被代替标准编号	DB 62/T 309—1992
发布日期	2008—02—26	实施日期	2008—04—01
归口单位	甘肃省农业机械化标准化技术委员会		
起草单位	甘肃省农业机械化技术推广总站	主要起草人	康清华、袁明化、王博炜、李淑玲、徐景
范围	本标准规定了铡草机的操作规程及作业质量验收。 本标准适用于轮刀式铡草机;其他形式铡草机可参照执行。		
主要技术内容	**1. 安全使用要求** 　(1)应根据铡草机的铭牌规定选用电动机。不准随意提高主轴转速,不准随意拆掉各部位的防护装置。 　(2)铡草机的工作场地应宽敞,并备有可靠的防火设备。 　(3)作业时如出现异常声响应立即停机检查,禁止在机器运转时排除故障。 　(4)严禁操作人员酒后、带病或过度疲劳时开机作业。 **2. 操作规程和注意事项** 　(1)起动前必须清除机构内部的工具、石块等杂物。 　(2)起动前应用手转动皮带轮,检查传动是否灵活,有无异常响声。 　(3)起动前应向在场人员发出信号,非工作人员应撤离作业场地。 　(4)起动程序:必须将离合器分离;开启动力并使主轴空运转 2 min～3 min,主轴旋转方向应与标记方向一致;将离合手柄扳到反向位置,使喂入输送链反转数圈,以防杂物进入机内。将离合手柄扳到正向位置,待转动平稳无异常后喂草作业。 　(5)操作人员必须精力集中,操作时禁止穿宽松衣服、戴手套,长发者带工作帽,袖口应扎紧。 　(6)先清除混入石块等硬杂物,喂草应均匀连续,不宜过多。 　(7)作业时严禁手指进入防护罩靠近喂入辊。 　(8)作业时应经常观测主轴承温度,温升≤25℃;倾听转动等部位响声;出现异常,应立即停止喂入,切断动力。待机器停稳后,排除故障,严禁机器运转时排除故障。 　(9)喂入部分出现堵塞,可将离合器手柄扳到反向位置或停机排除。 　(10)结束作业前,应先停止喂草,空转 2 min～3 min,待机内饲草全部排出后,再分离离合器,关闭动力。 　(11)作业之后应将机器内外清理干净,妥善保管。		

设施农业卷帘设备安全操作规程

标准编号	DB 63/T 985—2011	被代替标准编号	
发布日期	2011—04—11	实施日期	2011—05—01
归口单位	青海省农牧厅		
起草单位	青海省农牧机械推广站、西宁市农机管理站	主要起草人	田文庆、魏学庆、张学林、杨庆明、赵志新、王建明、徐玉莲、苗增建等
范围	本标准规定了卷帘机的机具要求、检查调整、操作人员要求、作用操作、保养。 本标准适用于卷帘机技术操作和推广应用。		
主要技术内容	(1)卷帘机应设有限位器及过载保护装置。 (2)支架周围应安装围栏或类似装置。 (3)用电设备应有接地装置。 (4)卷帘机制动系统应有效可靠。 (5)卷帘机除应安装电源控制装置处,还应安装可靠接通、切断电源的总开关,电源线路布置应规范,不得妨碍操作和存在漏电现象,接地应安全可靠。 (6)启动卷帘机时,主机和卷轴下严禁站人。 (7)维修检查时,应切断电源,在卷帘机不受力状态下进行检修,并能有效保持其位置。 (8)除卷轴外外露旋转件应有安全防护装置,危险部位应有固定的安全标志。 (9)使用说明书中应有安全操作注意事项和维护保养的内容。 (10)禁止进行妨碍操作和影响安全技术的改装。		

悬挂式喷杆喷雾机操作规程及作业质量验收标准

标准编号	DB 62/T 1707—2008	被代替标准编号	
发布日期	2008—02—26	实施日期	2008—04—01
归口单位	甘肃省农业机械化标准化技术委员会		
起草单位	甘肃省定西市农业机械化技术推广站、甘肃省农业职业技术学院	主要起草人	刘继平、张晓东、曹树人、孙思涛
范围	本标准规定了悬挂式喷杆喷雾机的技术操作规程和田间作业操作规程。 本标准适用于悬挂式喷杆喷雾机的技术操作规程及作业质量验收标准。		
主要技术内容	**1. 田间作业操作规程** 　(1)选择行走方法。机车行走方向应与风向垂直或成一定角度。先从下风头开始作业。 　(2)作业过程中,要严格按照起动、加压、开阀门、停车、卸压、关闭阀门顺序进行操作。作业前先启动药液泵,然后打开送药开关进行喷雾;停车时应先关闭送药开关,然后切断动力,以减少药液滴漏。 　(3)驾驶员要确保机车走直走正,不允许漏喷和重喷,以免降低防治效果或使农作物遭受药害。 　(4)机车要匀速作业,无特殊情况中间严禁停车。 　(5)作业时农具手要随时观察喷雾质量和喷雾压力的变化,如喷雾质量和压力不稳定,应及时检查排除。 　(6)农具手应随时注意喷头工作情况,发现喷头堵塞,应停止喷雾,清洗喷嘴和滤网,重新装配后方可继续工作。 　(7)工作时喷雾压力不得超过 0.54 MPa,压力过高造成喷雾量过大而损坏机具。 　(8)作业中发现机件失灵或有漏喷、重喷时,应立即停车检修。 　(9)喷雾宽度小于喷雾机喷幅时应关闭一部分阀门,以免重喷,发生药害。 **2. 安全生产** 　(1)操作者必须穿戴耐腐蚀的防护衣、防护帽或经过消毒的防护口罩,严防农药中毒。 　(2)喷雾机喷雾作业时最高时速不超过 10 km/h,运输和转弯时必须切断传动轴动力。 　(3)喷雾作业时,必须拔掉平衡机构锁定销,使喷杆保持自动平衡状态,防止喷杆损坏;运输过程中,必须插好平衡机构销定锁,防止喷杆左右摆动。 　(4)作业过程中发生故障,应立即停机,及时检查和排除故障。 　(5)作业或运输时,机具上严禁坐人。 **3. 机具保养** 　(1)作业结束时,药箱中加入清水,打开送药阀门进行冲洗,直到洗净为止。 　(2)根据使用说明书,按要求进行保养和保管。

饲料粉碎机安全操作规程

标准编号	DB 62/T 1973—2010	被代替标准编号	
发布日期	2010—01—29	实施日期	2010—03—01
归口单位	甘肃省农业机械化标准化技术委员会		
起草单位	甘肃省农业机械鉴定站	主要起草人	闫发旭、颜冬慧、郭光、周惠芬、杨启东、安宁
范围	本标准规定了锤片式、齿爪式饲料粉碎机的基本要求、操作规程和安全使用要求。 本标准适用于锤片式、齿爪式饲料粉碎机的安全操作。		
主要技术内容	**1. 作业场地要求** 作业场地应平坦、宽敞、通风、干燥,应避开高压输电线路,大小根据饲料粉碎机型号、粉碎物料及粉碎量而定,一般应留有足够的退避空间,且应备有效的灭火设备。 **2. 操作人员要求** 操作人员应经过安全技术培训,未经培训的人员不准上机操作。操作人员应熟悉机器的结构、性能、操作方法及安全标志的内容,并掌握安全操作规程。 **3. 机具要求** (1)作业前,应按使用说明书的规定检查防护装置是否齐全,紧固件是否紧固,转动部件是否转动灵活,焊接件有无开焊、裂纹或变形现象。 (2)应有符合 GB 10396 标准规定的安全警示标志。 (3)根据标牌规定选配电动机或柴油机等动力机,配备合适的皮带轮,严禁随意加大皮带轮提高主轴转速。 (4)用拖拉机、柴油机带饲料粉碎机粉碎干草料时,应在排气管上装防火罩,传动皮带两侧应设置防护装置。 (5)粉碎机用电动机做动力时应有过载保护装置及可靠的接地措施。 (6)粉碎机应安装磁远装置。 (7)饲料粉碎机应放置水平并固定,作业时喂入口方向最好处于上风口。 **4. 起动** (1)起动前,应先用手转动皮带轮,在确定无碰撞和无异常声响后才能起动。 (2)起动时,应给出警示信号,确认对操作者无危险时方可起动。 (3)起动后,先空转 20 min,检查各工作部件的运转是否正常、平稳,转速是否符合使用说明书的规定,轴承有无发热,固定螺栓有无松动等,在没有异常后方可进行作业。		

图书在版编目（CIP）数据

农机安全标准汇编/农业部农业机械化管理司，农
业部农机监理总站编 . —北京：中国农业出版社，
2014.12（2015.10 重印）
ISBN 978-7-109-20069-2

Ⅰ.①农… Ⅱ.①农…②农… Ⅲ.①农业机械—安
全标准—汇编—中国 Ⅳ.①S22—65

中国版本图书馆 CIP 数据核字（2014）第 311459 号

中国农业出版社出版
（北京市朝阳区麦子店街 18 号楼）
（邮政编码 100125）
责任编辑 刘 伟 冀 刚

中国农业出版社印刷厂印刷 新华书店北京发行所发行
2015 年 1 月第 1 版 2015 年 10 月北京第 2 次印刷

开本：880mm×1230mm 1/16 印张：21.75
字数：500 千字
定价：128.00 元
（凡本版图书出现印刷、装订错误，请向出版社发行部调换）